LIAO TAN
FENGYUN

U0252139

本书得到公众环境研究中心支持

聊·碳·风·云

碳中和影响下的世界

LIAO TAN FENGYUN

TANZHONGHE YINGXIANG XIA DE SHIJIE

5分钟聊碳工作室　著

中国环境出版集团·北京

图书在版编目（CIP）数据

聊碳风云：碳中和影响下的世界 / 5分钟聊碳工作
室著. -- 北京：中国环境出版集团，2025. 3. -- ISBN
978-7-5111-6176-5

Ⅰ. X511

中国国家版本馆CIP数据核字第2025QM2157号

责任编辑　丁莞歆
装帧设计　金　山

出版发行　中国环境出版集团
　　　　　　（100062　北京市东城区广渠门内大街16号）
　　　　　　网　　　址：http：//www.cesp.com.cn
　　　　　　电子邮箱：bjgl@cesp.com.cn
　　　　　　联系电话：010-67112765（编辑管理部）
　　　　　　　　　　　010-67147349（第四分社）
　　　　　　发行热线：010-67125803，010-67113405（传真）
印　　刷　玖龙（天津）印刷有限公司
经　　销　各地新华书店
版　　次　2025 年 3 月第 1 版
印　　次　2025 年 3 月第 1 次印刷
开　　本　880×1230　1/32
印　　张　7.5
字　　数　140千字
定　　价　45.00元

中国环境出版集团郑重承诺：
中国环境出版集团合作的印刷单位、材料单位均具有中国环境标志产品认证。

序　言
PREFACE

　　人类正站在一个前所未有的时代节点。全球气候变化已不再是遥远的科学预测，而是我们每个人都能切身感受到的现实。从极端天气频发到生态系统的加速变迁，从海平面上升到冰川消融，气候变化的影响正以前所未有的速度和广度重塑着我们的世界。

　　在这个背景下，"碳中和"这个词汇从专业术语走进了普通人的日常生活。它不仅是一个全球应对气候变化的共识，更是一场席卷全球经济社会的系统性变革。从能源结构调整到产业转型升级，从科技创新到行为改变，直至影响我们的思维模式，碳中和正在触及人类社会的方方面面。

　　然而，对于大多数人来说，碳中和依然是一个模糊而遥远的概念。我们知道它很重要，但却不太清楚它为什么重要，以及它将如何影响我们的未来。这种认知上的鸿沟，不仅阻碍了公众对气候行动的支持和参与，也限制了我们应对这一全球性挑战的能力。

　　本书试图弥合这一认知鸿沟，希望给读者带来一次充满智慧和洞见的思想之旅。从碳中和的基本概念到复杂的科学争议，从宏观的全球趋势到微观的个人生活，你将看到气候科学如何在争议中不断进步，以及全球应对气候变化的科学共同体——IPCC（联合国政府间气候变化专门委员）那不为人知的故事，你还能看到量子点技术如何为太阳能发电带来革命性突破。

在全球碳中和的大背景下，每个人都是参与者，每个人都是决策者。无论你是普通公众、企业管理者还是政策制定者，理解碳中和都将成为你在未来世界中生存和发展的关键能力。唯有理解，才能行动；唯有行动，才能创造。在应对气候变化这场关乎人类命运的伟大征程中，让我们每个人都成为知情者、参与者和创造者。

作者

2024年10月

目 录
CONTENTS

何谓碳中和?

从IPCC说碳中和缘起

碳中和，世界会发生什么？

何谓碳中和？

碳中和的准确含义

碳中和，当前非常火的一个词，但99%的人可能并不清楚它的准确含义。很多人认为，碳中和不就是把碳排放减少到零排放，或者使碳排放被植被吸收，正负抵销吗？这不能说错，但是表述不完整，也不准确。"碳中和"这个概念太重要了，它将引领未来40年的发展，因此清晰地了解其内涵和边界对我们意义重大。

全球应对气候变化领域和低碳发展领域最核心、最重要的概念就是碳中和。它还有几个影子概念，如气候中和、温室气体中和、净零碳排放、温室气体净零排放等，经常让人仿佛看到重影似的，分不清彼此。

联合国政府间气候变化专门委员会（Intergovernmental Panel on Climate Change，IPCC）2022年的权威报告[1]专门针对碳中和给出了非常清晰的定义。

首先，从其对象来看，前面讲的一堆概念可以分为两类：一类针对二氧化碳，另一类针对温室气体。二氧化碳虽然是最主要的温室气体（占74%），但并不代表所有的温室气体。一般情况下，带有"碳"字的概念针对的是二氧化碳，如"碳中和""净零碳排放"都是指二氧化碳的净零排放；"气候中和""温室气体中和""净零温室气体排放"则针对的是全部温室气体。

1　IPCC. Climate change 2022：mitigation of climate change[M]// Contribution of working group III to the Sixth Assessment Report of the Intergovernmental Panel on Climate Change. Cambridge, UK and New York, NY, USA：Cambridge University Press，2022.

其次，再看看净零排放是什么意思。净零排放是指人为活动排放的二氧化碳或者温室气体与人为清除的二氧化碳或者温室气体相等，从而实现了净排放等于零，但并不是说没有排放。如果其针对的是二氧化碳，那就是碳中和。所以，碳中和的准确含义应该是人为活动排放的二氧化碳等于人为清除的二氧化碳。

最后，要注意碳中和概念里还有许多隐含定义。第一，人呼吸产生的二氧化碳是被计入的，因为人吃的食物来自植物或者动物，这些植物或者动物本身是直接或者间接吸收大气中的二氧化碳形成的，人吃进这些食物后再呼吸释放出二氧化碳，基本就平衡了（这也是为了防止重复计算）。第二，碳中和可以针对直接排放，也可以针对直接排放+间接排放。这里稍微解释一下，直接排放指讨论对象直接排放二氧化碳，如锅炉由于烧煤直接产生了碳排放；间接排放就是指讨论对象本身并没有碳排放，如一部手机本身并不产生碳排放，但其生产过程含有大量的碳排放，这些碳排放就是手机的间接排放。第三，排放主体可以是国家、地区、组织、公司、个人，甚至是产品。产品碳排放，其实就是通常所说的产品碳足迹（carbon footprint）。第四，排放一般都以年为时间单元，因为国家、区域的排放清单乃至碳市场履约都是以年为最小时间单位的。所以，不能说实现了一个小时的碳中和，也不能拿未来某一年的碳清除来抵销现在的碳排放，类似购房按揭一样提前预支，否则就都算碳中和了。此外，一旦某一年实现了碳中和，以后是不能再出现净正排放的，否则前面的碳中和自动作废。这有点像戒烟，一旦再抽一口，即刻宣告戒烟失败。

虽然概念清楚了，但是在具体语境中还要具体对待。例如美国政府提出的"2050净零排放"（2050 Net Zero），在标题里并没有说明具体是哪种净零排放，但根据上下文可知，它指的就是温室气体净零排放，也就是气候中和。如果碰到"中和"或者"净零"，在没有提及具体是哪种温室气体的情况下，一般有3种简单的判断方法：①发达国家说的"净零排放"或者"中和"一般都是指温室气体净零排放或者气候中和；②针对产品的，虽然叫碳足迹，但一般都是指全生命周期温室气体排放；③属于累积排放的，一般仅针对二氧化碳。

限制你创造力的是没有清晰地理解碳中和

"碳中和"这一概念有两个特点，一是简单清晰、边界清楚，二是可计算。有人可能会说，这不是非常正常的吗？其实并非如此，人类历史上很多有影响力的普世概念，其边界都非常模糊，也就是说这些概念的可解释性都非常强，不同的人可以从各自的角度去理解和执行，甚至有时矛盾或者争论的双方都觉得自己是在坚持某一个概念，这就导致这些概念无法在一个大范围内形成共识，从而被长期稳定地坚持下去。

举一个环境领域的例子。"可持续发展"这一概念是由联合国提出来的，距今已经有40多年了。它是一个普世概念，其权威定义是，"既能满足当代人发展的需要，又不损害人类后代满足其自身需要和发展能力的发展方式。"但怎样判断同代人之间的发展需求呢？如何判断公平？各个国家对"发展"的定义可能不同，又怎样评估不同代之间的发展权益呢？你和你的后代子孙之间该怎样权衡利弊呢？

联合国为了解决评估问题，提出了17个可持续发展目标，涉及消除贫穷、零饥饿、性别平等，还包括气候变化。但一个概念包括这么多目标，这个概念的可执行性、可计算性和可考核性又会有多强呢？

在可持续发展的17个目标中，任何一个都可以被长篇累牍地讨论。例如性别平等，各个国家对性别的定义本身就存在很大差异，就像如今在西方社会争论不休的LGBT+（性少数群体）。由此可见，很多概念要保证简单、清晰是很难的！

碳中和可能是人类历史上最简单、最清晰的一个普世概念了，甚至我们每个人都可以计算自己的碳排放，判断自己是否实现了碳中和。这样的概念才容易被统一执行、统一坚持，才能够穿越漫长的时间被一代又一代人沿用下去。正因为其清晰且可计算，人们的预期才会非常稳定。所以，碳中和不但不会限制创造，反而会激发创造。

碳中和是要减少人为碳排放，所以其在本质上还是一种约束。但一个清晰、可计算的边界和约束会给我们带来意想不到的创造。正因为有了边界和约束，你的创新才能清晰起来。就像对于儿童来说，即使其想象力再丰富，如果没有知识边界，他也想象不出来任何东西。

"碳中和"这个中文词汇翻译得真好，它的英文原意本来是排放和清除相互抵销，并没有"和"的意思，但翻译成中文后就立刻让人联想到中国人所讲的中和之道——人与自然的和谐共生及生态文明。

联合国气候变化大会：全球碳中和的共识同盟

2023年11月30日，《联合国气候变化框架公约》（UNFCCC）第二十八次缔约方会议（COP28）在阿拉伯联合酋长国（以下简称阿联酋）迪拜正式开幕。《联合国气候变化框架公约》于1992年通过、1994年生效，自1995开始举办第一次缔约方会议，以后每年召开一次。按时间推算2023年召开的应该是第29次会议，但由于2020年的新冠疫情，COP26被推迟到2021年举行，相当于少开了一次，所以2023年召开的是第28次会议。COP是conference of the parties的简称，翻译过来就是"缔约方会议"。

《联合国气候变化框架公约》已经成为全球气候变化的最高条约，即上位法。重要的是，全球所有主权国家都是它的缔约方（目前该公约有198个缔约方）。

应对气候变化是全球最大的共识，所以缔约方会议也是全球政治领导人聚集最多的会议。《京都议定书》和《巴黎协定》都是《联合国气候变化框架公约》的子条约。

COP28有下列几个重点议题：

●第一次全球盘点（global stocktake，GST）。COP28标志着《巴黎协定》下首次全球盘点的结束。全球盘点是在2015年的COP21上确定的，其内容是确保各国对减少温室气体排放和应对气候变化影响的承诺和行动能够得到有效监测和评估，并评估全球在实现《巴黎协定》目标方面的进展。

●气候行动路线图。为各国政府制定加快气候行动的路线图。

●能源转型和食品系统转型。能源转型是应对气候变化的关键，COP28聚焦于如何实现能源结构的转型，以及如何改变食品系统以应对气候变化。

●气候融资。气候融资始终是国际气候谈判的中心议题，COP28也不例外，具体包括资金的流向、数量，以及如何有效地使用这些资金来支持气候行动。

COP28在迪拜召开。说到迪拜，我们可能首先想到的是购物天堂、沙漠城市、土豪如云。迪拜是阿联酋人口最多的城市。阿联酋是阿拉伯半岛上的国家，由7个酋长国组成，阿布扎比、迪拜是其中最大的两个酋长国。酋长国类似美国的"州"，但权力更大。迪拜是迪拜酋长国的首府。COP28会议主席苏尔坦·贾比尔（Sultan Al Jaber）是阿联酋工业和先进技术部部长、阿布扎比国家石油公司（ADNOC Group）总经理兼集团首席执行官，这一身份引发了人们对气候谈判公正性的担忧。

迪拜被选为2023年COP28的东道主城市有以下两个重要原因：

一是阿联酋这些年在能源转型方面做出了很多努力，也颇有成效，如在全球范围内投资清洁能源项目和可再生能源，创造了新的绿色商业模式和服务，在超过70个国家投资了价值约168亿美元的可再生能源项目。阿布扎比钢铁厂的碳捕集、利用与封存（carbon capture, utilization, and storage, CCUS）项目（2016年启动）是世界上第一个全面商业化的钢铁碳捕集项目，也是行业发展的一个重要里程碑，由阿布扎比国家石油公司承担。这也是苏尔坦·贾比尔担任COP28会议主席的原因之一。

二是阿联酋非常主动、积极。阿联酋是一个完全依赖化石能源的国家。事实上，全球气候变化大会主要解决的就是化石能源的高碳排放问题，迪拜主动站出来应对挑战，不仅是一件好事，更显示出阿拉伯国家的勇气。迪拜用真实财富释放了想象力，徒手把一片沙漠变成一个充满想象力和尖叫的梦幻都市。

迪拜是全世界建筑师的天堂，它要打造人类城市的未来模式。其实沙漠是建造碳中和城市的最佳地方。为什么这么说？因为沙漠的搬迁成本几乎为零。现在搞建设最难的是"破旧"，因为要解决各种法律纠纷和不同人的利益问题，而"立新"反倒容易，尤其是装配式建筑，跟搭积木一样。此外，沙漠有非常丰富的太阳能资源，这一点得天独厚。你要是不相信，可以看看沙特的新城——THE LINE，那可是真金白银地投资了5000亿美元，其建设进度还不慢。

自主贡献：国家实现碳中和的灵活机制

国家自主贡献（nationally determined contributions，NDC）是一个旨在减少排放、适应气候影响的气候行动计划。《巴黎协定》的核心内容是各缔约方都必须设定国家自主贡献方案，每五年更新一次。国家自主贡献是《巴黎协定》及实现其长期目标的核心。《巴黎协定》第四条第2款要求每个缔约方准备、通报和保持它计划实现的连续国家自主贡献，其中包括减缓和适应。

在"国家自主贡献"之前，还有"拟定的国家自主贡献"（intended nationally determined contributions，INDC），它是各国在《巴黎协定》正式生效之前提交的初步气候行动承诺。INDC的承诺是"拟定的"，而当《巴黎协定》于2016年生效后，各国的INDC就转变为NDC。NDC是各国正式提交给联合国的气候行动承诺，INDC相当于NDC的一个预案。

全球盘点是《巴黎协定》下的一项关键机制，旨在每5年对全球气候行动的进展进行一次全面评估。这个过程涉及评估各国在减少温室气体排放、适应气候变化等方面所做的努力，盘点《巴黎协定》的执行情况，即说到是否做到。

全球盘点的目标是提供对全球气候行动的全面了解，识别进展与挑战，提高各国气候行动的透明度和责任感，同时根据实际情况调整和加强国家自主贡献的目标。COP28之所以重要，部分原因是它标志着《巴黎协定》的第一次全球盘点的结束，并宣布了盘点结果。

《巴黎协定》不同于《京都议定书》，它是自愿性的协议，所以需要定期跟踪、评估全球在实现其目标方面的进展。《巴黎协定》规定，第一次全球盘点在2023年进行，以后每5年进行一次，以确保各国对减少温室气体排放和应对气候变化影响的承诺和行动能够得到有效监测和评估，并评估全球有没有走上《巴黎协定》目标的轨道。

全球盘点该怎么进行呢？主要由全球技术服务小组来开展，具体分为以下三步：

第一步，从各国政府、国际组织、研究机构、民间社会组织及其他利益相关方收集和整合有关气候变化与气候行动的信息；

第二步，评估各国在执行《巴黎协定》方面取得的进展，2023年9月8日《联合国气候变化框架公约》发布了综合评估报告；

第三步，在缔约方大会上宣布结果。这是一个政治环节，各国政府将讨论并审议全球技术服务小组的成果，讨论应对措施，开展谈判和提出进一步承诺。

根据第一次全球盘点报告（2023年），《联合国气候变化框架公约》在生效后的30年里已经取得了重大进展。对于此，2100年全球气温升幅预测的重大变化就是证明：2010年通过《坎昆协议》时，预测的2100年全球气温升幅为3.7～4.8℃；2015年随着《巴黎协定》的通过及国家自主贡献作出的承诺，预测的全球气温升幅降至3.0～3.2℃；COP27上，预测的全球气温升幅进一步降至

2.4～2.6℃。

但是，全球排放并不符合与《巴黎协定》升温控制目标一致的全球路径，提高雄心并履行现有承诺以将气温升幅限制在工业化前水平以上1.5℃［2100年回到升温1.5℃，因为各种情景的预测结果都是先超过（overshoot）1.5℃，然后再回来］之内的时间窗口正在迅速缩小。

这里存在两个差距。第一是承诺差距，即国家自主贡献承诺的排放水平与全球减缓路径（符合将气温升幅限制在1.5℃或2℃之内的目标）的平均排放水平之间的差距，也就是说承诺的减排量还不够。第二是执行差距，即目前已实施的政策和行动与实现既定目标的差距。根据当前的国家自主贡献，要在2030年将气温升幅限制在1.5℃之内，估计排放差距有203亿～239亿吨二氧化碳当量；若要限制在2℃之内，在没有条件和有条件的情况下，2030年的排放差距将分别为160亿吨二氧化碳当量和125亿吨二氧化碳当量。

根据联合国环境规划署（United Nation Environmental Programme，UNEP）发布的《2023年排放差距报告》，截至2023年10月初，共有86天的气温比工业化前水平高出1.5℃以上；9月是有记录以来最炎热的月份，全球平均气温比工业化前水平高出1.8℃。如果按照当前政策继续进行现有水平的排放控制，那么在21世纪内全球变暖将被控制在高出工业化前水平3℃的范围内。

当前各国在《巴黎协定》下所作的承诺让全世界走上了21世纪

内较工业化前水平升温2.5～2.9℃的轨道，这与第一次全球盘点报告略有不同。

　　无条件的国家自主贡献方案意味着到2030年需在预测排放水平的基础上额外减排140亿吨二氧化碳当量才能达成2℃目标，实现1.5℃目标则需额外减排220亿吨二氧化碳当量。在有条件的国家自主贡献方案中，这2个估计值需分别减排30亿吨二氧化碳当量。

　　此外，《2023年排放差距报告》还提到，到2030年，成本为100美元/吨二氧化碳当量或更低的减缓方案可使全球温室气体排放量比2019年减少至少一半。换句话说，100美元基本就是2030年减排1吨二氧化碳的平均成本。

企业怎样实现碳中和？

《联合国气候变化框架公约》第二十八次缔约方会议（COP28）期间有条新闻很有意思。该新闻称很多环保组织都指责会议中到处都在"洗绿"（greenwashing），据说有上百场会议本身是有碳足迹的，但是通过碳抵销，即购买其他地方的碳信用（carbon credits），摇身一变成了碳中和会议。COP28成为碳抵销的"露天大卖场"，这就是某些环保组织口中指责的"洗绿"。

"洗绿"与碳足迹密切相关。碳足迹是衡量某一个人、组织、产品、服务或活动产生的温室气体排放量的指标，从全生命周期的角度评估其温室气体排放水平，包括上游和下游的所有排放。碳足迹越大表示排放的温室气体越多，对气候的影响就越大。足迹，顾名思义就是脚印，在从"摇篮"到"坟墓"的整个过程中直接或者间接导致的温室气体排放都是碳足迹，其目标主体可以是个人、组织、产品、服务或活动。虽然叫碳足迹，其实它包括所有的温室气体。应该说，一切人和人为事物皆有碳足迹，而且是一条长长的碳足迹。

"洗绿"是指某主体对其产品、服务或者行动在可持续性方面作出误导性宣称，使消费者相信他们正在采取行动保护环境和应对气候变化。所以从本质上讲，"洗绿"其实是一种过度广告、过度宣传，如产品标签上的模糊术语——"低碳产品""100%碳中和"等。

以前还有一个与之对应的词——洗灰（brownwashing），即企业通过隐报、瞒报、少报、不报，故意缩报社会责任，即坏事不说，而"洗绿"则是好事多说。

很多我们熟悉的大公司、大品牌都曾被指责"洗绿"。例如2022年COP27召开期间，一家国际知名公司为会议提供了几百万美元的赞助活动，被环保组织指责为一种"洗绿"行为，认为其赞助COP27的动机不纯，甚至要求撤销其赞助资格。

该公司认为，自己的目标与COP27一致——"2030年碳减排25%、2050年实现碳中和"，而且有具体的行动措施，其中主要是"无废世界"，即收集和回收每个瓶子。该公司确实擅长公众宣传，就连圣诞老人的红白色形象都是其营销宣传的产物。早期的圣诞老人并没有一个统一的形象，有穿绿色衣服的，有穿蓝色衣服的，穿红色衣服的反而少。1931年，该公司请专业人士在其广告中创造了与其产品十分相像的红白色圣诞老人形象，如今已成为经典。

的确，现代企业的碳中和承诺与宣传五花八门，在引发全社会对碳中和关注的同时也引起了质疑：企业的碳中和承诺到底是广告还是行动？又是否借助碳中和这个大IP在进行"洗绿"？

基于上述原因，COP27上联合国秘书长古特雷斯亲自组队并发布了一个重磅报告——《诚信至关重要：企业、金融机构、城市和地区的净零排放承诺》（2022年）（以下简称联合国报告）。该报告开宗明义：本报告是为"洗绿"画红线的。

那么，企业应该怎么做才不会被认为是"洗绿"呢？联合国报告给出了五大原则和十项建议，简称"5+10"。这里重点讨论其中的两个：

●完全透明和公开与碳减排相关的可比较数据。企业应每年公开披露温室气体数据，而且要以标准化的格式通过公共平台进行数据披露，不能自己定义怎么公开，比如在公司楼下的墙角贴个巴掌大的纸进行公开，根本没人看得到，就不叫数据公开。

●碳中和要包括全产业链排放。完整的产业链排放包括范围1、范围2和范围3排放。范围1排放是企业的直接温室气体排放，即本地排放。范围2排放是企业由于外购电力和热力导致的温室气体排放。范围1+范围2一般也叫企业的运行排放，是企业可以直接管理的排放。范围3排放是企业产业链上非范围1和范围2的所有其他相关排放，包括上游外购商品和服务、交通，下游售出产品的使用、运输和配送、投资、废弃物处理等。范围1+范围2+范围3就是全产业链排放，也就是企业的碳足迹。

第二个要求非常厉害。举个例子，苹果公司2021年的范围1+范围2总排放不到6万吨二氧化碳（57980吨），但其范围3排放达到了2000多万吨（2313万吨），是范围1+范围2总排放的400倍。这样就能看出来为什么要强调全产业链排放了吧！所以对于苹果公司而言，把范围1+范围2总排放减为零根本不是事，也没有太大意义，但从某种意义上说，自己已经实现了碳中和，可其实这一减排量还不到自己排放量的一个零头。在现在的语境下，如果苹果公司的范围1+范围2排放实现了净零，于是就宣称自己实现了碳中和，那就是妥妥的"洗绿"了。

企业"洗绿"当然不对，不应该过度宣传，尤其是不能数据造假，那是恶性行为。这里的"洗绿"不包括造假，仅限于过度宣传，当然这个边界其实也并非泾渭分明。

可话又说回来，企业的宣传都有夸大的成分，最核心的是信息公开和数据公开。所以说，联合国报告一个很重要的原则就是信息公开和数据公开，而且是以大家看得到、看得懂的方式进行公开，以便于公众监督。

什么样的企业才会去"洗绿"呢？一方面，它觉得自己还不错；另一方面，它觉得自己未来会更不错，会变得更好。这样一来，至少它的价值观与碳中和是一致的，说明它觉得碳中和非常重要，就像一个人喜欢化妆，使用美颜、滤镜至少说明他/她在追求美好的形象。

对待"洗绿"行为，最重要的就是政府监管和公众监督，也就是要跟它较劲。公众监督还包括公众代表的监督，比如NGO，这种有组织的监督，效率会更高。

其实，公众的监督行为也提高了其认知和审美，即对碳中和的审美。事实上，部分公众并不知道应该多"绿"才叫"绿"，企业竞相给公众呈现一个个美好的碳中和形象，其实也提高了我们对它们实现碳中和的预期。企业把自己宣传得特别"高大上",在公众心里就有了期待,就得在公众的监督下履行自己的承诺。

此外,企业的这种"洗绿"行为也会通过自己的产业链传递下去,使上下游企业与其对标。

企业把自己放到公众监督之下,以后做什么事情都得非常慎重。即便现在做得不够,只是贴了个低碳标签,但只要敢贴这个标签,敢站出来,就得在公众的监督下"年年洗、天天绿、时时绿",那它可能就真"绿"了。

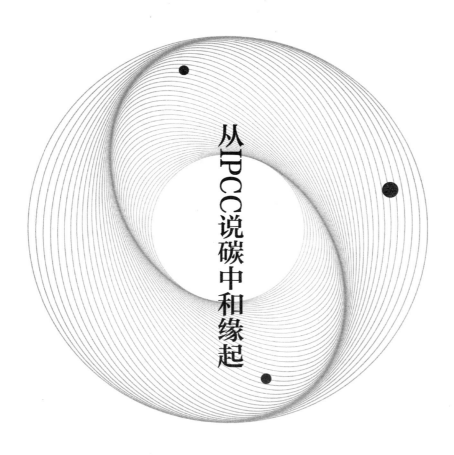

从IPCC说碳中和缘起

IPCC是什么机构?

谈到气候变化，必然涉及IPCC。IPCC是全球气候变化领域的制高点和灯塔，所有碳中和的话题都离不开它。聊清楚IPCC，非常有助于我们理解今天全球应对气候变化的格局和碳中和行动是怎么形成的，也有利于我们分析具体的碳减排行动和措施。

首先，IPCC是联合国下属的一个三级机构，成立于1988年，它有两个"老板"：联合国环境规划署（UNEP）和世界气象组织（World Meteorological Organization，WMO）。这两家机构都是联合国的二级机构，与世界卫生组织（World Health Organization，WHO）同级。IPCC成立的目的本来是收集和整理材料，为其上级机构服务。1992年《联合国气候变化框架公约》通过后，IPCC更多是为其谈判服务的。所以，IPCC早期更像是一个秘书处，自己不开展研究，也不资助研究。

经过30多年的发展，IPCC发生了翻天覆地的变化，它在全球应对气候变化领域一统天下，其影响力和公信力远超自己的两位"老板"——联合国环境规划署和世界气象组织。IPCC不仅改变了我们的行为，还深刻地影响了我们的认知。2007年，IPCC获得了诺贝尔和平奖。现在联合国的其他机构都开始向IPCC学习，如2012年成立的联合国生物多样性和生态系统服务政府间科学政策平台（Intergovernmental Science-Policy Platform on Biodiversity and Ecosystem Services，IPBES）就完全学习了IPCC的组织模式。

虽然IPCC的影响力发生了巨大变化，但它的结构和形式并没有太大改变，现在仍然是一个很小的机构，表面上看起来还像是一个秘书班子。IPCC将自己描述为一个"巨大而又微小的组织"（huge and yet very small organization）。大家可能不知道，IPCC秘书处（位于日内瓦）就十几名工作人员，工作模式仍然是组织全球科学家而不是自己开展研究。更厉害的是，全球几千名气候变化领域的顶级科学家都是免费为IPCC工作的。

其次，IPCC已经成为全球气候变化领域的绝对权威，它让科学得到了空前的尊重。IPCC在气候变化领域的权威性应该不难理解，我们现在言必称IPCC，讨论任何气候变化问题时都要先引用一下IPCC报告，否则感觉就像外行似的。IPCC发布的报告已经成为气候变化领域的决策参考。

政府人员在制定政策，甚至在开展国际谈判时，都以IPCC报告作为依据。科学从来没有受到过这样的尊重。在全球层面，本来不太可能存在一个绝对的科学权威，因为总会有不同的意见，可是IPCC通过越来越规范和严谨的程序，巧妙且娴熟地连通了政府和科学界。

这种情况在人类历史上从未出现过，科学从来没有像今天这样影响国际合作与历史进程。没有哪一次国际合作或者政治谈判中，与会者是拿着一本科学研究报告来争辩的。没有哪个机构能这么长久且深远地推动人类历史的发展进程。

IPCC实现了对人类认知的统一，对科学共同体的统一，以及对各国决策者的统一。更为重要的是，它从知识汇总者逐渐成为新知识、新概念的创造者。

最后，IPCC虽是一个政府间机构，却成为科学共同体的引领者，不断创造科学新认知。IPCC本来是收集信息和知识的，可现在却成为一个全球气候变化认知的最大创造机构。

在传统观念中，人们可能认为科学越是自主和独立于政治，其创造力和影响力就越大，所以人们普遍认为科学和政治是而且应该是分开的。但IPCC却通过连接、平衡科学与政治的关系，成功引领了全球气候变化的科学研究。

气候变化领域是个非常复杂的综合性领域，几乎涉及自然科学和人文科学的各个学科，形成一个统一的观点基本是不可能的。不但人文领域的观点充满了争议，就连自然科学领域的观点其实也难以形成统一。不同的认知和观点的分歧会削弱甚至破坏公众对应对气候变化的信心，决策者就更有动机找理由推迟减缓和适应气候变化了。

但IPCC竟然凭借一己之力，组织、招募全球气候变化领域的科学家共同推进和形成气候变化共识，又通过程序改进、结构优化有力地把各国政府拉入科学评估和评审，使它成为科学和政治交界处的一个独特机构。尽管IPCC不是一个具有法人资格的机构，其报告在法律上不构成国际条约，但其报告的权威性已然超越了国际法规。

我们耳熟能详的一些认知和概念，如1.5℃目标、2℃目标、碳中和，其实都是IPCC创造出来的。你当然可以说这些概念早就有研究人员提出来了，但细想一下，如果没有IPCC，这些概念几乎没有价值，因此其真正的创造权应该属于IPCC。从理论上讲，人类所有的概念都已经提出来了，不外乎是文字的排列组合，你总能在某个地方找到。可是能把碳中和等概念推广成为全球认知，没有IPCC是根本不可想象的。

如果进行一个全球公众调查，你会发现碳中和等概念应该是全球共识程度最高的概念之一。因为即便是一些永恒的话题，如"和平""关爱"等，也不见得所有人都有共同的认识。

下面用一个自创的穿越故事来说明。1823年，有一个叫老C的人，他算是当时的知识分子，对世界有一定的认知。一天，老C穿越到100年后的1923年。他瞬间被震惊了，因为他看到铁盒子（汽车）到处跑、铁鸟（飞机）天上飞、千里之外的人相互说话（电话），这些他从来没见过、没想过。如果老C熟读《西游记》，他可能会觉得自己来到了天宫。

可是老C生活了几年后，就逐渐适应了这时的社会生活。又一天，他再穿越百年，到了2023年。这次他没有那么震惊了，因为他理解的东西没有太大变化，汽车还是汽车，飞机还是飞机，电话改成手机，只是没有了那根线，这些东西对他来说不是太颠覆。他庆幸这个世界没有发生太大变化。可等他生活一段时间后，又被震惊了，因为他发现这时候人的思想和认知发生了更大的颠覆，这100年发生的变化远超前200年。

从1823年穿越到1923年，人类整体的思想意识和认知观念并没有太大变化，普通人甚至是当时的贵族的想法基本是一样的。可是从1923年到2023年，人的内核发生了质的变化，其一应该就是气候变化。这是老C永远想不到的，碳中和竟然变成了每个人生活中的必需，每个人的行为都会影响全球的气候，这是他短时间内非常难理解的。

其实即便是我们自己，虽然对气候变化深信不疑，碰见老C也不一定能给他把碳中和讲明白、说清楚，因为这个因果链条实在太长了。你可以假定对面坐着来自中国清朝的老C，试着告诉他碳中和的目的是什么——拯救全球气候变化，你觉得你能说服他吗？可能你自己都会觉得这真是一件匪夷所思的事情。

讲这个故事，其实想说明两件事：第一，人类未来的发展会在认知内核上有更深刻的变革，而外在东西的变化可能没有想象中那么剧烈；第二，碳中和这件事应该说是人类认知层面的一个巨大变革。

让我再回到IPCC，讨论它的根本目是想让大家了解在当前形势下知识是怎样产生的，IPCC是如何驱动广泛合作的，它是如何界定问题边界、确定研究方向的，等等。这会对我们的发展非常有启发。我们处在互联网时代，这个时代最大的特点就是人与人之间，尤其是陌生人与陌生人之间的协作。如何团结更多的人为一个目标服务，这方面IPCC做得非常成功！

一篇顶刊发文引爆气候圈

科学界出现爆火的情况非常少见，因为其相对严肃、公开、透明，能"火出圈"往往会牵扯出很多科学问题和全球气候制度问题，所以必然会对全球应对气候变化产生深远影响。

下面要说的这个案例是IPCC曾经面临的最大危机，甚至说它引发了全球气候变化历史上最大的一场危机也不为过，还差点给IPCC带来灭顶之灾。那么，究竟发生了什么呢？

这就得从1998年说起，当时有一个叫Michael Mann的博士后，33岁，我们姑且称呼他为"老曼"，尽管当时他年富力强，并不算老。老曼苦熬出一篇文章，并在全球顶级期刊*Nature*上发表了，他喜出望外自不必说，可是谁都没有想到——包括老曼自己——这篇文章竟然把全球气候变化事业搅得天翻地覆，甚至长达10年之久。老曼作为"男一号"，自然一直处于风口浪尖。

这篇名为《过去六百年全球范围的温度模式和气候作用力》[1]的文章在气候变化领域有着核弹级的威力。其核心是构建了从公元1400年以来的全球平均温度。这确实非常难，因为人类真正使用温度计测量温度基本是从1850年前后开始的。IPCC报告正因此才以1850—1900年的气温数据表示工业革命前的温度，并提出在此基础上将全球升温控制在1.5℃或者2℃。

1　Mann M E，Bradley R S，Hughes M K. Global-scale temperature patterns and climate forcing over the past six centuries[J]. Nature，1998，392（6678）：779-787.

那么，1850年之前的温度该怎么获取呢？这就是古气候学的研究领域了，主要是找一些能反映温度变化的代理指标（proxy），如树木年轮（tree rings）、冰芯、珊瑚等。其中，最重要的就是树木年轮，古气候学也主要依靠树木年轮这一代理指标来判断年均温度。

老曼最重要的方法创新是使用了一堆代理指标，一共有112个（这些数据主要来自北半球），相当于把所有可以收集到的数据全部整合起来。但是这样一来也有个问题，就是不同的温度代理指标的可比性差，所以老曼使用了一种叫作主成分分析（principal components analysis，PCA）的方法（这一数学方法比较成熟，但在古气候学领域很少使用），相当于是给数据降维和降噪，把数据中的趋势性特征提取出来。

有了庞大的数据集和先进的数据处理方法，老曼就得到了全球平均温度数据，于是他提出了2个重要观点：①过去8年中有3年北半球的年平均温度比公元1400年以来的其他年份都要高；②二氧化碳是近期升温的主要原因。问题就出在第1个观点，因为它首先否定了此前普遍认同的中世纪温暖期，并且鲜明地提出当前温度是前所未有的高。

第二年，也就是1999年，老曼又发表了一篇文章（《过去千年中的北半球温度：推断、不确定性和局限性》[1]）。这次虽然不是

1 Mann M E, Bradley R S, Hughes M K. Northern hemisphere temperatures during the past millennium: inferences, uncertainties, and limitations[J]. Geophysical Research Letters, 1999, 26（6）: 759-762.

发表在*Nature*上，但是老曼进一步强调了自己的观点，提出"过去1000年中，20世纪90年代是温度最高的10年，1998年是温度最高的一年"。

时隔20多年，现在看来这个观点一点都不惊悚，甚至有点平淡。可是如果回到1999年，这个结论可以说是石破天惊，因为当时大家还在为全球是否变暖打得不可开交。中世纪温暖期就是一个非常重要的证据，因为如果中世纪温度也很高，那气候变暖就根本不是人为活动排放二氧化碳造成的。当时，IPCC每次发布报告都非常谨慎，报告的名称也是气候变化（climate change）而不是气候变暖（climate warming），且一直沿用至今。

现在突然出现了这么一项证据，支持气候变暖的人能不欣喜若狂吗？而且老曼这个人还很有营销头脑，给自己的成果起了一个非常通俗的名字——"曲棍球棒曲线"（hockey stick graph），意思是过去很长一段时间全球温度都很低、很稳定，像一个长长的曲棍球棒的柄，而近100多年温度陡然飙升，形成了一个曲棍球棒的"刀面"，这种描述形象、直观，让人印象深刻。当然，他的意思不是明摆着吗？过去气候好好的，为什么工业革命后温度升高，而且是突然升高？其原因不言而喻。

从此，老曼走上了气候变化领域的风口，出道即巅峰，几乎被全球主流媒体采访了一遍，并被《科学美国人》评选为"科学界50位领先的远见卓识者"，还被任命为美国政府的白宫科技政策办公室

（The White House Office of Science and Technology）气候变化问题的科学顾问。根据老曼的自述："我对这篇文章受到媒体的高度关注完全措手不及。"

老曼的文章毫无疑问给他带来了巨大荣耀，但他火得太快了，在很短的时间内就迅速蹿红，成为全球顶级气候变化专家，这种情况应该说在科学史上都极其罕见，这就有点像现在靠流量突然爆火的"网红"。可是别忘了，"网红"其实是把"双刃剑"，它会无限地放大你的任何细节，将之曝光于公众的视野之下。你要享受这些荣誉，就得承担得起别人对你的拷问和抨击。

关于这个案例每份重要的材料和文章，笔者都是看过原始材料的，并非各种二手、三手的间接材料，以防以讹传讹。因为这个案例本身也是一场各种材料、证据交叉传播的信息战，很多情况都是对抗双方相互之间的断章取义，或者是脑补信息。很多英文原始文献（书稿和报告等）非常长，但又非常有意思，因为对抗双方都从自己的角度去解读同一件事。在阅读过程中，笔者常常看得悲喜无端、俯仰皆失。也许时隔十几年或二十年后，我们才能冷静下来，仔细梳理纷繁的材料，综合不同人的角度，相对客观地重现当时的场景，从而给出我们的判断和看法。

风靡一时的现象级传播——"曲棍球棒曲线"

对于"曲棍球棒曲线",现在可能没有多少人知道,但在2000—2010年这10年间,它可一直都是气候变化领域的"头牌",无人不知、无人不晓。

老曼创造出的"曲棍球棒曲线",IPCC如获至宝,直接将其纳入第三次评估报告（AR3,2001）,老曼本人也接受IPCC的邀请成为报告作者。人要火,真是什么都挡不住。

"曲棍球棒曲线"被纳入IPCC第三次评估报告第一工作组的决策者摘要、技术摘要中,并多次在正文中引用,可见其地位显赫。报告正文直接引用了老曼的结论（估计是老曼自己引用自己的结论,因为他也是报告作者）:"在北半球,20世纪90年代可能是千年中温度最高的10年,而1998年可能是温度最高的一年。"

更为重要的是,IPCC 第一工作组主席约翰·霍顿爵士（John Houghton）在报告发布会上就以"曲棍球棒曲线"作为背景,这是IPCC对老曼工作的惊人认可和加持。

有了IPCC的加持,随后几年"曲棍球棒曲线"被广泛引用和宣传,几乎成了全球变暖的铁证,就像卡尔·萨根说的,非凡的主张需要非凡的证据,"曲棍球棒曲线"作为证据还不够非凡吗?

紧接着,"曲棍球棒曲线"的影响力进一步扩大,甚至出现在美国前副总统戈尔的电影《难以忽视的真相》（*An Inconvenient Truth*）里,进而被媒体再次引用。"曲棍球棒曲线"成了气候变化领域的现象级符号。

其实，"曲棍球棒曲线"在经济学、市场营销学等领域早已有之，只是老曼把人家的概念套过来用而已。有意思的是，在原版中这根曲线是倒过来的，即曲棍球棒的"刀片"贴近 x 轴，过了某一个点后出现了一个长得几乎笔直的增加部分，即"手柄"。它非常适用于描述一些公司的成长，如Netflix公司早期成长缓慢，增长拐点出现后就开始出现高增长了，有点厚积薄发的意思。

当然，对"曲棍球棒曲线"的质疑也从未停止过，主要是认为老曼拼接了两个完全不同的数据集，而且在统计学的方法上站不住脚。认为数据拼接倒不能算错，因为过去没有温度测量手段，只能靠树木年轮、冰芯、珊瑚等代理指标，这些间接指标反映温度的精度当然没法与温度计测量的结果相比，所以这里的统计学处理方法就非常关键了。

老曼的反驳是，我不是简单的数据拼接，而是基于科学方法的数据重建。这个过程非常关键。试想，如果大家从来没有想过把古代温度与现代温度连成一根曲线，那就算有人简单地拼接数据，是不是也是一种科学贡献呢？

事实上，老曼自己也反对气候数据拼接，其中他批判的对象之一就是英国著名的科学家休伯特·兰姆（1913—1997年）。兰姆就是把不同来源的数据拼接在一起，其中还包括一些传闻和故事，但在当时（20世纪60年代）仍然是一个了不起的创新，并且被IPCC

第一次评估报告（1990年）引用。

不要小看这位兰姆，他可是东安格利亚大学（University of East Anglia，UEA）气候研究室（Climatic Research Unit，CRU）的创始人。该机构至今仍然是研究全球变暖最权威的机构之一，也是本书后文会聊到的"黑客事件"主角。

老曼自己反对数据拼接，但他的反对者认为老曼就是在做数据拼接，从这里应该可以看出有时科学和荒谬的边界并没有我们想象得那样清晰。

但无论如何，"曲棍球棒曲线"的影响力和重要性在毫无节制地增长，在当时已经成为全球变暖的一个标志性符号，连IPCC都承认"曲棍球棒曲线"是气候科学史上最有争议的视觉化产物之一。

"曲棍球棒曲线"自身也在演化，并不断优化和"美颜"，越来越好看，越来越惊艳，每当它再次出现时都比上一次更大胆、更震撼。这张科学美图从科学界传播到媒体再到政界，并最终传播到普通公众。

在加拿大，每个家庭都收到了一份宣传气候变暖的宣传单，其中在醒目位置使用了"曲棍球棒曲线"。

一天，加拿大一个普通的退休老头也收到了这么一份宣传单。他扫了一眼，挺有意思，于是开始仔细端详起来。然而这么一看不要紧，竟然呼唤出一个不世出的民间高人。这个退休老头就像金庸笔下的扫地僧一样，平时默默无闻、极为普通，这次为了这张图竟然踏入江湖，与老曼展开了一场殊死搏斗。他们的战斗从科学期刊打到新闻媒体，从新闻媒体打到公众自媒体，再从公众自媒体打到美国国会，可谓翻江倒海、异彩纷呈。

气候圈的"扫地僧"

　　一个加拿大的退休老头收到气候变暖宣传单后，对"曲棍球棒曲线"产生了兴趣。这个人叫史蒂夫·麦金泰尔（Steve McIntyre），当时55岁，处于半退休状态，我们姑且称之为史蒂夫老头。

　　史蒂夫老头在一家矿物勘探公司上班，从事矿产相关工作30多年，主要负责绩效评估、收购分析等。这种工作需要细致地分析大量数据，这说明他的数学功底还是过硬的，而且对数据很敏感。

　　"曲棍球棒"现象在商业界原本就有，老曼不过是把人家的曲线倒过来用于气候变化领域。史蒂夫老头对这种曲线并不觉得稀奇，他经常会看到各种创业人精心设计这种曲线忽悠投资人。加拿大矿业就出过一桩震惊全球的Bre-X矿业诈骗丑闻。Bre-X是一家矿业公司，对钻孔数据造假，在样品中加入金粉，制造了一个虚假富金矿的惊天骗局，其剧情堪比电影，后来真被拍成了电影——《金矿》（Gold）。当时，Bre-X案子还没过去几年，所以史蒂夫老头直觉上将二者联系在一起也在情理之中。

　　另外，加拿大人是从小听着维京人的探险故事长大的，这些故事就发生在中世纪温暖期。维京人的航海技术非常发达，甚至乘船沿着塞纳河直抵巴黎城下，有点像《三国演义》中的邓艾偷渡阴平、翻越摩天岭从而直取成都的故事。而老曼却抹去了中世纪温暖期，击碎了他的童年故事，史蒂夫老头的心情当然就不好了。

　　史蒂夫老头本就闲来无事，于是想看看"曲棍球棒曲线"的门道，毕竟一条科学曲线能出现在公众宣传单上，这种情况并不常见。

史蒂夫老头阅读了大量关于"曲棍球棒曲线"的文章，重点当然是老曼的那篇发表在*Nature*上的大作，以及已经公开发布的IPCC第三次评估报告。他发现大家都不怎么讨论该曲线背后的原始数据，就像光说发现了金矿，却没人追问原始钻孔样品和数据是怎样的，因此心里不踏实。而且，史蒂夫老头对主成分分析方法的应用也有点怀疑。

但怀疑归怀疑，史蒂夫老头也没什么实锤证据，于是决定给老曼写封邮件，索要原始数据和源代码（可以理解为具有可操作性、可重复的数据处理过程和方法），以便自己重新计算一遍。这在当时是一个比较外行的做法，当然史蒂夫老头本身就是外行，所以也无所谓。2003年4月8日，史蒂夫老头给老曼写了第一封邮件，信的大意是说：你的文章我学习了，我对原始数据非常感兴趣，能否学习一下？

老曼也算大方，来回交流几次后表示可以提供原始数据。奇怪的是，原始数据并没有集中在一个地方存储，这说明这些数据之前并没有被人索要过。于是老曼安排人把这些数据整合成一个非常大的文件（pcproxy.txt），并通过FTP（文件传输协议）共享给史蒂夫老头。

至此，这个气候变化领域爆火事件的两位领军人物都已悉数登场，并开始正面接触。他们没有想到的是，彼此之间竟然缠斗了十几年，把气候圈扰得天翻地覆。

这二位都有一个共同特点，就是爱好数据且擅长数学。史蒂夫老头曾在1965年获得加拿大全国高中数学竞赛第一名，后来在多伦多大学本科攻读数学。老曼更了不得，是数学世家出身，他老爸就是美国麻省理工学院的数学教授，其本人大学期间在加利福尼亚大学伯克利分校攻读的第二专业是应用数学、第一专业是物理，可想而知，其数学水平绝对不低。

那这两个人的私人邮件内容我们又是怎么知道的呢？这主要归功于史蒂夫老头的公开透明战略。他后来在自己的网站（https：// climateaudit.org/）上公开了所有材料，包括与老曼团队的所有邮件来往。这为复盘整个故事提供了非常好的原始材料，因为两人很多正面斗争都是通过邮件展开的，其核心问题之一就是史蒂夫老头找老曼要原始数据和源代码。

对于普通人，老曼提供的原始数据体量非常大，而且格式很难阅读，就像一堆沙子，根本没法看懂，更别说分析了。然而，对于一个长期与海量数据打交道的人来说，史蒂夫老头已经训练出从密集数据中找模式的本能，他对老曼的原始数据进行分析之后发现了不少问题。

●数据使用不充分：用于"曲棍球棒曲线"的数据只占原始数据的一小部分，换句话说，老曼有点虚张声势，声称自己收集了全球数据，但实际上很多数据没用上，而且部分数据是基于6月、7月、8月的平均值，不是全年平均值，但他要算的却是年平均温度。

●大量低级错误：如数据共有112个系列，在第72～80个系列中，1980年的数值完全一样，甚至精确到了小数点后第7位（0.0230304），这种情况似乎除了复制粘贴别无他解；在第20个系列中，格陵兰岛冰芯的定位有误；第46个系列和第47个系列的位置被调换。出现这些低级错误的数据系列占总量的10%以上。

●数据低级填充：第45个系列在1978—1982年间每年都有相同的数值；第46个系列在1974—1980年间的数据完全一样。超过1/3的数据系列出现过这种情况。

该怎么看待这种数据问题呢？首先声明，笔者没有看到原始数据文件。说实话，笔者也没有能力逐一检查和核对原始数据，但能理解原始数据出现上述错误的情况。就连我国非常严格的书籍出版也有容错率（万分之一以下），所以在全球气候海量数据面前，上述3种错误的出现其实很难避免。20年前，绝大部分数据处理都是手动的（其实即便是现在手动处理也是非常必要的），在这种情况下各类错误就难免会出现。其次，简单的数据填充不知道算不算错误。现在对数据空缺的处理方法一般是数学插值。最后，数据错误影响的百分比计算有点夸大其词。若因为一个数据系列存在几处错误，就将整个数据系列都算作受到影响，那基本可以说是100%的数据都有错误了。

老曼最倒霉的是，他遇到的是史蒂夫老头，这是一个数学扎实、极其认真且有大量时间"死磕"的人。

Article | Published: 01 April 1998

Global-scale temperature patterns and climate forcing over the past six centuries

Michael E. Mann ✉, Raymond S. Bradley & Malcolm K. Hughes

Nature **392**, 779–787 (1998)

Abstract

Spatially resolved global reconstructions of annual surface temperature patterns over the past six  sed on the multivariate calibration of wi gh-res tors. Time-dependent cor ions w nting changes in green r ir suggest that each of he cl ears, with greenhou nt for y. Northern Hemisp for thr rmer than any other y irra uggest that each of th clim ars, with greenho forcing dern Hem three of the

学术文章是否应该公开原始数据？

　　"扫地僧"史蒂夫老头引出一个非常重要的学术问题——数据公开。在当时，大部分学术期刊，包括*Nature*、*Science*这种顶级期刊，并没有要求作者提供或公开原始数据。所以，史蒂夫老头还向*Nature*要过老曼文章的数据，结果被编辑推给了老曼。

　　当时，在古气候领域很少有人公开原始数据，这就是前文说史蒂夫老头要原始数据说明他是个外行的原因。因为内行没有充分理由是不会找人要数据的，就像你无端在大街上找一个陌生人借钱一样，莫名其妙，人家凭什么借给你？

　　古气候学的数据通常有多种来源，包括但不限于冰芯、树轮、海底沉积物、化石和洞穴石笋等。这些数据的收集和处理通常需要大量的时间、精力，以及专门的设备和技术，因此研究人员不愿意公开他们的原始数据。

　　古气候学的数据和源代码其实就是研究人员的学术资产，因此在老曼和史蒂夫老头的论战后期，数据问题成为关键环节。即便在美国国会，老曼仍然理直气壮地说，数据和源代码是他的私人知识产权，他有权决定是否提供给他人，这是连美国国家科学基金（National Science Foundation）都认可的。

　　老曼团队的成员更是直接拒绝提供原始数据，其理由是："我们投入了25年左右的时间开展这项工作，而你的目的就是来挑刺，我们为什么要把数据提供给你？"

　　这个理由看起来挺合理的，甚至还有点委屈。那么，公开发表的学术文章是否应该公开原始数据呢?

我的回答是应该且必须!为什么?

因为科学发展的本质是在不断纠错中前进的,如果原始数据不公开,就会导致数据质量下降。如果作者知道,反正审稿人和公众也看不到数据,那么他就很有可能为发表文章而美化、篡改或者伪造数据。这岂不是与推动科学发展的初衷背道而驰?

我们现在写文章往往会有这个心态,追求完美和理想化,试图掩盖不足和缺陷,以防被审稿人发现后拒稿。几乎没有哪篇学术文章会说原始数据存在问题、结论还有待商榷之类的话,那样就会让审稿人觉得数据有错误、结论不确定,你还发表个啥?相较之下,在书籍出版、同行评审(peer review)中作者反倒更加客观一些,往往在前言或者序言里表示"错误之处在所难免,敬请批评指正"。

在史蒂夫老头和老曼的斗争中,数据公开是其中非常关键的一个环节。如果不公开数据,解释的空间就会非常大,因为你也不知道我是怎么操作的,反正我得出了结论。两人关于数据的多次对决对气候数据乃至科学数据的公开起到了积极的推动作用。

时至今日,科学数据公开已经得到了广泛认同。大部分学术期刊都已经建立了明确和严格的数据存档制度,要求提交的稿件必须包含数据和功能齐全的源代码,否则不会进入审稿流程。前面老曼曾经援引的美国国家科学基金,现在也要求其资助的研究者公开他们的数据。数据公开可以使其他研究者验证其研究结果，提高研究的透明度和可重复性，并为其他研究提供数据基础。

数据公开对IPCC的触动也是极大的。IPCC的数据制度变革极为彻底，要求公开全部数据，包括所有情景参数。这个数据量相当庞大，为此还专门建立了IPCC数据中心（https：//www.ipcc-data.org/）。IPCC这么多原始数据都公开了，难道不怕像老曼一样在网上被各种挑错吗？IPCC还真不怕，其做法是及时纠正和勘误。不光原始数据，IPCC的正式报告都会在第一时间上网发布，而且往往会在正文每一页标注"Subject to Copyedit"，意思是说，还存在一些错误待修改。你大大方方地摆出了问题，反倒没有人会攻击你的数据错误了。大家的注意力和兴趣点反而会聚焦到你的核心观点上。

让我们打开脑洞，想一想人工智能（AI）时代的学术文章会是什么样子？有一点可以肯定，绝对不会像现在这样。因为现在的学术文章，AI很难使用。未来的学术文章在本质上就是数据和源代码，有非常清晰的输入（input）和输出（output），可供随时快捷地检验、接入和调用，因为其发表的目的就是以最快捷的方式接入整个科学系统和社会生产系统。现在的学术文章形式在AI时代反倒可能更像是摘要或者说明书，主要包含解释性内容或者作者的感想、致谢、吐槽等。

气候圈的社交硬通货——气候数据重建

气候数据重建（reconstruction）为什么重要？因为它是这个气候爆火案例中的一个焦点问题。高手过招往往就在一招半式，了解技术细节非常有助于后文展示老曼和史蒂夫老头两个人乃至两个团队（后面形成了以两人为核心的两大阵营）之间精彩的"殊死搏斗"，也有利于我们了解气候数据的特点。这个知识点是你与别人探讨碳中和问题时的重要谈资，也是气候圈重要的"社交货币"。

1850年之前很少有现代意义上的科学观测温度数据，所以研究人员必须通过一些受温度影响的代理指标反过来推算当时的温度，常见的代理指标主要有树木年轮、冰芯、珊瑚、海底沉积物、洞穴石笋等，最常用的就是树木年轮。通常意义上讲，树木年轮的疏密的确会受到温度的影响，温度越高，树木生长得越快，年轮也就越稀疏。重要的是，年轮一般是一年一轮，可以满足对年均温度记录的需求。

但这都是通常意义或者理想情况，并非所有树木都是如此。例如对于荒漠树木，温度升高，其可能不生长反而旱死，因为它们对于水分更加敏感，只有位于山脉上层的草地和林地过渡地区的树木才对温度敏感。即便如此，这类树木的年轮还会受到生长过程的影响，幼苗时生长迅速，以后越来越慢，所以需要建立不同树种的生长曲线，以便对年轮数据进行标准化处理，这样才能进行不同年份的比较。当然，还需要作为采样数据的树木的寿命足够长（你要获得千年温度，就得找千年老树），而且样本量足够大，大到可以平均化处理掉一些特殊的影响因素，如病虫害、土壤养分等。

如果收集到足够的树木年轮数据，就具备了气候数据重建的基础。像老曼这样，收集到大量公元1000年以来的树木年轮数据，就可以重建近千年的温度变化。

重建过程中需要把数据分为3个部分：校准数据、验证数据和重建数据。校准数据是利用树木年轮数据和现代测量的温度数据建立函数关系；验证数据是检验这种函数关系是否可靠；重建数据是把古代树木的年轮数据代入建立的函数关系中，反算出古代温度。所以，校准数据和验证数据都需要有同一时期的现代温度数据。老曼的校准数据是1900—2000年的，验证数据是1850—1900年的，重建数据是1000—1850年的。

可以看出，利用校准数据建立函数关系是最重要的环节。这种函数关系一般就是利用统计回归建立的线性函数。长期以来，古气候领域的温度数据重建使用的都是单一的代理变量，所以函数比较好处理。老曼却使用了一堆代理指标，其目的是建立全球温度曲线，但海洋里没有树，极地冻土和永久冰盖上也没有树。此外，要想覆盖全球，温度测量数据会非常多，或者说温度测量点非常多（全球1000多个点位，每个点位平均1000多个月）。这样就带来一个问题，多个代理变量该怎样与多个温度数据建立函数关系？因为你的目的是在全球每年建立1个平均温度。

于是老曼搞了个方法创新，从严格意义上讲应该是方法应用创新，就是主成分分析方法。该方法其实是一个很成熟的统计学方法，其核心思想就是数据降维，提炼数据的主要趋势。举例来说，如果我们把每天的温度记录下来，持续10年就会发现数据是一条一直在细微波动的曲线，有时甚至还会出现夏天比春天冷的情况，所以只有提取出一条趋势性的曲线，也就是气候曲线，才能明白春夏秋冬的季节性温度变化，以及年际变化。所以，气候可以理解为是天气的主成分分析结果。

老曼把代理数据和现代温度数据都进行了主成分分析处理，这样就比较容易建立函数关系。然后，老曼用验证数据（同样进行了主成分分析处理）进行检验，在结果满意后再用古气候代理数据代入函数关系，从而计算出古代温度。

针对老曼的气候数据重建，史蒂夫老头提出了3个方向的质疑：

● 原始数据问题，前文已经说过；

● 在对代理数据进行主成分分析的时候，个别数据的权重较高，如北美西海岸山区的狐尾松（*Pinus longaeva*）就是个别数据中的典型；

● 函数关系不显著，在老曼的*Nature*大作中使用了 β 作为评价函数是否显著的指标，而没有使用统计学中常见的决定系数（R^2）。

史蒂夫老头认为，你为什么不用 R^2，是因为 R^2 太低了吗？确实，我们通常判断函数是否显著时，R^2 的心理预期都不会低于0.5，一些经济学模型中R^2甚至会高于0.9。史蒂夫老头还举了个反例，认为其随便找个变量，比如将欧洲美元6个月的利率数据作为代理数据，由此建立的函数关系的R^2都比老曼的高。

R^2的确是统计学中量化一个回归模型质量好坏的常用指标。从理论上讲，使用任意两组数据都能回归出一个线性函数，但怎样评价这个函数的好坏呢？或者说，函数计算值与实际值之间的差异有多大呢？如果差异过大，那么这个函数也就没有意义了。R^2的取值范围是0～1：越接近1，说明函数的计算结果与实际值越接近；越接近0，说明效果越差。

史蒂夫老头认为，如果你建立的函数都不靠谱，那后面的验证和重建就毫无意义了。

是什么推动着气候科学前进?

重建的气候数据到底可信吗？当然可信，但史蒂夫老头的质疑却引发了一个值得深思的问题。

对代理数据进行权重处理是可以接受的，因为不同数据的质量差异会很大，但如果把不同的数据进行权重处理，反而会让噪声淹没了真正有用的信号。对于函数有效性评价的问题可以讨论，因为决定系数（R^2）自身也有问题（会出现过度拟合的情况），而且R^2需要经过显著性检验（P值），这其实还与样本数有关系，但不同领域之间对比R^2的高低没有任何意义。

但老曼的方法和结论究竟是否科学呢？我认为科学的是方法而不是结论。通常情况下，若一个观点科学，那基本可以认为这个观点就是对的；若一个观点不科学，那基本在说这个观点是错的。然而事实上，一个观点科学恰恰是说它可以错，但却没有错。这就是波普尔提出的可证伪理论，也是当前最广为接受的针对科学的理解。

只要一个方法及其结论在特定条件下可以被证伪，但当下又没有被证伪，那它在当下就是科学结论。所以，老曼的研究过程和结论是科学的。老曼的做法符合科学过程，当时没有人能颠覆他的结论，史蒂夫老头只是怀疑或者质疑，而且未必完全站得住脚，因为数据和方法存在瑕疵是正常的，所以才可以被史蒂夫老头质疑（或者试图证伪）。此外，不同的人对瑕疵的理解也不一样，对瑕疵的处理方法也不一样。

让老曼头疼的是，他遇到的是一个不世出的"扫地僧"，不紧不慢，步步为营，还不懂江湖规矩，不按套路出牌。找你要原始数据，要把你做的东西重来一遍，要把你的所有过程来个彻底回播。

苏格拉底在被处决前的辩护中把自己比作吸血的牛虻，把雅典比作一匹长期养尊处优的肥马，这匹马已经胖得没有活力了，跑不动了，所以雅典这匹马非常需要被像自己这样的牛虻叮一叮，才能激发活力，他觉得雅典不仅不应该惩罚他，反而应该感谢他。

史蒂夫老头就是气候变化领域的一只"牛虻"，他盯着老曼和IPCC报告这只"巨牛"的小尾巴不放，虽不能把你怎么样，但就是让你难受，左摇右摆也甩不脱。事实上，这反倒提高了IPCC的免疫能力。

其实在很长一段时间内，国际上一直存在一个叫作NIPCC（The Nongovernmental International Panel on Climate Change）的组织。它和IPCC一对一发报告，也就是说IPCC发布一个报告，NIPCC就发布一个报告，仿佛IPCC的镜像，如同孙悟空和六耳猕猴。这个组织翻译成中文是"非政府间气候变化专门委员会"，其发布的报告就是非政府组织开展的评估报告，对应IPCC这个政府间组织。

但很有意思的是要看你怎么断句，它好像是否定IPCC报告的报告，因为它的报告里面很多结论都与IPCC相反，所以把IPCC和NIPCC放在一起看，就很有看综艺节目《奇葩说》的感觉了。

NIPCC在2018年发布了最后一版报告，之后就再也没有发布新报告了。从某种意义上说，这也反映出IPCC的观点和结论越来越健康与完善，基本挑不出毛病了。

这个NIPCC就像是围着IPCC的一群"牛虻"。NIPCC的作者也是科学家，他们有理有据地开展分析，并没有恶意攻击。他们对于IPCC今天的强大和活力发挥了不可替代的作用，可能他们中的相当一部分人现在都加入了IPCC。

老曼一直在试图维护自己成果的完美性，始终不肯承认任何细节上的错误。其实老曼本身没有什么学术道德问题，但他在一些具体细节上死扛不放，这种缠斗把自己拖入一个非常不利的场景，因为从一个非专业观众的角度来看，好像他这儿有问题，那儿也有问题。

多年后在老曼撰写的书中[1]，他多次提到一个故事，说他在坦桑尼亚塞伦盖蒂国家公园看到了一个奇怪的场景，一群斑马背靠背站着，形成一道连续的垂直条纹。老曼大惑不解，不明白斑马为什么这么做？询问后才知道，只有这样斑马才能形成一个无死角的防御体系，捕食者就无法找到最脆弱的一匹斑马了。老曼应该是借此表达一个隐喻，就是全面防御、不留死角。

这种战术导致老曼容不得自己出现一点错误，他太在乎细节得

1　Mann M E. The hockey stick and the climate wars：dispatches from the front lines[M]. New York：Columbia University Press，2012.

失了，认为只要细节被突破，整个防御体系就崩溃了。这种观点其实风险很大，因为这个世界从来就没有完美的系统，系统的薄弱环节可能变成它的死穴，但也有可能变成它的生机，就看你怎么对待。如果你整天在薄弱环节上死磕，害怕别人攻击你，把精力都放在这上面，你的优势领域反而会慢慢退化。就像斑马总是整齐排列，不去激烈奔跑，优秀的斑马就永无出头之日，从而失去活力。对于斑马而言，狮子并不可怕，可怕的是一场病毒或者气候变异，如果本身没有足够的体能和免疫能力，可能会导致整个斑马群的毁灭。

真正让你强大的不是你的幸福体验，而是那些让你感到疼痛的经历。

我们缺的仅仅是一点被讨厌的勇气

作为一个普通人，能不能发表学术文章？

史蒂夫老头在与老曼邮件往来几次后慢慢看出了门道，盯着老曼要数据看来是没戏了。他逐渐明白，这种对文章的质疑、反馈等，一对一找作者是不太能走得通的。人家发表的是一篇顶刊大文章，自己一个人根本无力撼动。重要的是，自己的观点和证据也没人相信，因为不符合学术规范嘛。于是，史蒂夫老头决定自己写文章。

文章写完后投哪儿去呢？首选当然是*Nature*，因为这件事起因于老曼在*Nature*上发表的文章，而且史蒂夫老头的文章也主要是针对这篇文章的。从我们的角度来看，一个从没有写过学术文章的退休老头竟然敢投稿*Nature*，简直就是个笑话，这就像一个"扫地僧"突然要参加华山论剑一样。你是谁啊？有什么资格？换作普通人，根本想都不敢想。

但史蒂夫老头不是普通人，他真是"扫地僧"。他的文章投稿后，竟然被*Nature*审稿了，要知道向*Nature*投稿的文章大部分都会被编辑拒稿，根本不会送审，人家也是为了节约成本。当然结果在预料之中，最终史蒂夫老头还是被拒稿了。虽然是拒稿，但*Nature*的编辑显然也看出来史蒂夫老头说得也有些道理，于是请老曼针对错误给出一个勘误（corrigendum）。老曼在*Nature*2004年7月1日那一期上发布了一个勘误[1]，大意是说，我们的文章数据确实有些小

1　Mann M E, Bradley R S, Hughes M K. Corrigendum: global-scale temperature patterns and climate forcing over the past six centuries[J]. Nature, 2004, 430: 105.

错误，现已更正，但这些错误不影响我们的研究结论。

被 *Nature* 拒稿后，史蒂夫老头的文章怎么办？一个叫《能源与环境》（*Energy & Environment*）的刊物找到了他，希望他投稿。《能源与环境》在过去和现在都是一个不知名的期刊，反正笔者从来没有听说过。

但对于从来没有发表过文章的史蒂夫老头来说，有个公开发行的学术期刊找他投稿已经很不错了，至少算是一个对话平台。不出所料，史蒂夫老头的文章在《能源与环境》上正式发表，时间是2003年11月。你看，比老曼在 *Nature* 上发布的勘误还要早。

大家可以看看这篇文章的名称——《对Mann等人（1998年）代理数据和北半球平均温度系列的修正》[1]。这哪是一篇文章，分明就是指名道姓地挑错。

2005年，史蒂夫老头又在《能源与环境》发表了一篇文章——《M&M对MBH98北半球气候指数的批评：更新和影响》[2]。这里的M&M指史蒂夫老头（Steve McIntyre）和另一位文章作者（Ross McKitrick），MBH98就是老曼的 *Nature* 大作。这篇文章进一步梳理

1　McIntyre S，McKitrick R. Corrections to the Mann et al.（1998） proxy data base and northern hemispheric average temperature series[J]. Energy & Environment，2003，14（6）：751–771.

2　McIntyre S，McKitrick R. The M&M critique of the MBH98 northern hemisphere climate index：update and implications[J]. Energy & Environment，2005，16（1）：69–100.

了老曼*Nature*大作的问题，其核心观点前文也提及过。这篇文章最厉害的是直接批评了古气候研究领域，认为该领域的数据和方法公开度不够。

史蒂夫老头的第三篇文章[1]竟然发表在《地球物理研究快报》（*Geophysical Research Letters*）。这可不是一般刊物，而是地球物理学领域的国际顶级期刊、美国地球物理学会的旗舰杂志，按国内的算法，相当于中国科学院SCI一区刊物。这篇文章主要针对老曼的主成分分析方法及狐尾松问题。

在史蒂夫老头以学术文章的形式表达观点的同时，老曼也没有闲着——写文章是他擅长的领域，他也接连发表了一堆文章来应对史蒂夫老头的批评。其核心观点是，史蒂夫老头使用的数据和方法（程序）不对。

2005年8月，史蒂夫老头收到一封来自IPCC的邮件，通知他被提名为第四次评估报告（AR4）的评审专家，这说明史蒂夫老头这么一个民间人物已经开始被重视了。

现在要讨论一个问题，普通人能发表学术文章吗？回答是能，可能很难，但绝对没有你想象的那么难，只要你研究的是真问题。即使学术期刊不接受你，你也可以发微博、朋友圈、BBS、抖音，

---

1 McIntyre S，McKitrick R. Hockey sticks，principal components，and spurious significance[J]. Geophysical Research Letters，2005，32（3）：L03710.

只要能公开表达出来，只要是真问题，就一定能产生影响，甚至推动科学和社会的进步。

其实史蒂夫老头走的也是这条路。他的很多材料，包括与老曼的邮件（仅与*Nature*的邮件就有12封），最早都发布在他自己的网站上。时隔20年，我们还可以津津有味地去阅读这些材料。

史蒂夫老头发表的文章真正回归到学术文章的本质，就是为了澄清问题，推动学术进步。我们现在有时是为写文章而写文章，而史蒂夫老头的动机是学术讨论，就像他的文章题目，在我们看来特别不像一篇文章，是批评别人文章的文章，这种文章非常罕见。

其实，现在的学术文章越来越宽容、公开和透明。许多期刊都允许文章在没有经过同行评审前先上网形成预印本（pre-prints），这样又快又方便。那么，这与一篇长篇博文又有什么本质区别？即使学术文章最终被拒稿，还是有很多人看到了你。

所以只要我们有真问题，想真讨论，即使被人拒绝、缺乏平台，那又如何？正如阿德勒说的，我们缺乏的仅仅是一点被讨厌的勇气。

回到IPCC，从它邀请史蒂夫老头作为评审专家就能看出IPCC的大气和兼容，其实史蒂夫老头文章中的很多地方就是针对IPCC的，但IPCC强大的纠错能力发挥了重要作用。IPCC没有想到的是，邀请"扫地僧"成为自己的座上宾之后，真的推动了它的制度变革。

美国国会为什么关注"曲棍球棒曲线"?

老曼和史蒂夫老头两人斗法，怎么就斗到美国国会上去了呢？老曼和史蒂夫老头关于"曲棍球棒曲线"之争从学术期刊打到自媒体网站，两人各有自己的阵地和粉丝：史蒂夫老头的阵地是http：//climateaudit.org/，老曼的阵地是http：//www.realclimate.org/。一石激起千层浪，一时间气候变化大讨论蔚然成风，可见此事舆论影响之大。美国国会沉不住气了，主动下场，试图以正视听。

2005年6月23日，美国国会Barton议员和Whitfield议员委托统计学家、时任美国国家科学院（National Academy of Sciences）应用与理论统计学委员会主席的Edward Wegman教授牵头，分析"曲棍球棒曲线"事件，并向国会报告。这个报告明显是针对方法学的，因为Wegman教授是统计学家，没有气候变化研究背景。

应国会要求开展调查评估非同小可，可能还会上国会作证。国会作证是需要宣誓的，撒谎就是作伪证，是重罪，身败名裂不说，还有可能进监狱。

这时，美国国家科学院做了一件非常重要的事情，就是同时成立了一个调查组，由气候变化领域的专家Gerald North教授牵头，其调查结果也向国会报告。为什么要搞两套人马呢？这不是重复建设吗？

还真不是，其实"曲棍球棒曲线"之争时至今日已经不是起初的基础数据、统计方法之争了，甚至很难说是一个科学问题之争，它已经上升到公众和舆论对气候变化怎样理解的层面了。其间卷进去很多人的利益和诉求，充满了大量的政治博弈。否则一个科学争论也不可能上国会，对不对？

这时就能看出美国国家科学院对这件事情的判断了。由North教授牵头的报告是向公众介绍气候变化的科学背景，澄清各类错误，防止风向被带偏，其目的是引导社会和公众正确认识气候变化，而不是纠结于细节。因为争论上升到这个层面，明白人都已经看出来了，根本不可能争论出什么最终结果。当某一方提出反驳时，另一方一定能针对反驳再次反驳，无休无止，来回打口水仗，不同的利益团体却能从争论中找到自己的诉求并无限放大。

2006年7月，两份报告几乎同时提交给美国国会。一份是由Wegman教授牵头的报告（以下简称Wegman报告），题目叫作《关于"曲棍球棒曲线"全球气候重建的专门委员会报告》（*Ad Hoc Committee Report on the "Hockey Stick" Global Climate Reconstruction*）；另一份是由North教授牵头的报告（以下简称North报告），题目叫作《过去2000年的地表温度重建》（*Surface Temperature Reconstructions for the Last 2,000 Years*）。仅报告的标题就很能说明问题。

Wegman报告就是在针对"曲棍球棒曲线"，但该报告没有经过同行评审，主要结论如下：

● 由于缺乏老曼的数据和源代码，无法重复他们的工作，史蒂夫老头的批评有效，老曼的方法存在不足，难以支持其结论；

●通过对老曼开展社会网络分析发现，气候圈的朋党现象严重，很难形成客观、独立的同行评审，也就是说老曼与审稿人其实都有直接或间接的关联；

●老曼Nature文章中的β判断（reduction of error）非常接近R^2判断，也就是说史蒂夫老头之前提出的这个问题不严重。

North报告更多的是讨论气候变化问题，该报告经过了同行评审，后来正式出版了，主要结论如下：

●老曼的研究方法和结论是科学、可信的；

●使用多代理变量重建温度数据是对气候研究的重要贡献，1600年开始的重建可信度高，而900—1600年，由于缺乏精确的代理数据而存在较大的不确定性；

●主成分分析方法在这一领域的应用确实不常见，但其并未影响数据重建的结果，老曼使用β判断而不是R^2会低估研究结论的不确定性。

看到这，你可能要抓狂了，两份报告的结论截然不同，什么意思？我们就是要讨个说法，你这是个啥说法？

其实，两份报告根本不是在说同一件事。Wegman报告更像是在"曲棍球棒曲线"之争中站队，他的报告无疑会进一步加剧两人或者两大阵营的斗争，因为他的报告也有方法，那就为不同意报告结论的人留下了争论的空间，提供了抨击的靶子，事实上后来也确实如此。

North报告则是站在更高层次上试图说明整个"曲棍球棒曲线"之争为何会发生？舆论为何会持续发酵？全球每天不知道会产生多少科学观点和方法，为什么没看到大家都这么积极地讨论和站队呢？如何正确看待和理解这件事？

这无疑是一种更加高明的做法，而且此时更为迫切的是解决公众对气候变化科学的困惑。这件事恰恰说明了一个深刻的哲学道理：你无法在制造问题的同一思维层次上解决这个问题，我们需要的是思维升级。

美国国会的两份报告透射出气候变化科学的
什么问题？

　　美国国会的两份报告究竟有什么门道？Wegman报告的针对性很强，就是针对"曲棍球棒曲线"的数据和方法给出了说法，其结论也很明确，支持史蒂夫老头。但笔者看来这份报告的结构和内容质量并不高，前半部分讨论数据重建和主成分分析方法，还是紧扣主题的，但不知为什么后半部分开始用大量篇幅对老曼进行学术领域的社会网络分析（利益相关分析），从而发现气候圈朋党现象严重，因此认为客观、独立的同行评审其实很难实现，因为大家都是朋友或者朋友的朋友。

　　Wegman报告本来是想说明"曲棍球棒曲线"到底有没有问题，但剑走偏锋，改为论述老曼文章的评审过程是否合理，这是一种曲线论证思路。试想，就算老曼的文章没有经过同行评审直接发表，也并不代表他的方法和结论是错的。而且该报告的分析篇幅几乎占据一半，让人感到匪夷所思。估计是Wegman教授发现其实没有太多内容可研究，为免报告有点单薄，干脆在完成规定动作后又加了发挥动作。

　　Wegman教授在第二年（2007年）就把这部分内容正式发表了，他的报告反倒没有正式出版，可问题就出在这。很快就有人发现，Wegman教授的社会网络分析方法中没有正确引用原始文献来源，说白了就是存在学术抄袭，因此他发表的文章在2008年被期刊撤稿。

　　是否应该就此否定Wegman报告的所有结论呢？倒也未必，因为该报告的前半部分还是非常专业的，毕竟Wegman教授是统计学专家。但是，他在解决一个具体的科学争论时，由于自己的问题，反倒再次陷入了这场争论。反对者可以说，连你自己都抄袭了，品行不端，你的结论还有什么说服力呢？

我们再看North报告，其中集结了美国12名气候变化领域专家（而Wegman报告只有3名专家）的意见。这份报告明显不是针对老曼和史蒂夫老头任何一方的，而是针对整个社会公众的，因为它首先解释了为什么气候数据重建这么一个非常具有技术性的问题会引起如此广泛的社会关注。

正是因为过度宣传，许多人把"曲棍球棒曲线"理解为全球气候变化人为原因的确切证据。这个判断一下子点到这场斗争的命门。如果光说全球升温，除了像史蒂夫老头这样非常较真的人，大部分公众不可能有这么高的热情。真正的问题是，大部分人以为"曲棍球棒曲线"确凿无疑地说明是人类活动导致了气候变化，因而要开展减排，减少化石能源，这下就触动了太多人的既有利益。

科学并不一定意味着绝对正确，而是在一定的边界条件下它还没有错。举个例子，爱因斯坦的相对论（包括狭义相对论和广义相对论）是迄今为止物理学中最伟大的科学理论，它从提出至今经过了100年的考验，但它的应用边界依然是宏观世界，当我们进入微观量子世界，相对论就不再适用了，这时就是量子力学的天下了。

North报告也强调了这一点，它认为科学是一个探索的过程，从假设到研究再到结论，其他人可以针对这一过程进行支持或者否定，从而推动科学进步。老曼的研究只是众多气候科学中的一部分，它并不是全球变暖的铁证，而仅是许多全球变暖的独立研究之一。气候数据重建的方法也在不断发展——没有一个绝对"正确"的方法。

其实，老曼的结论表述本来挺科学的："在北半球，20世纪90年代可能是千年中温度最高的10年，而1998年可能是温度最高的一年。"注意，这里都是"可能"，而且给出了数据波动（误差）范围。1600年以前这个波动范围很大，你要说存在高温，在严格意义上也没错。所以这一时期温度数据重建的不确定性很大，这就是North报告的重要结论："900—1600年，由于缺乏精确的代理数据，数据重建的结果可信度较低。"

但由于老曼套了顶帽子——"曲棍球棒曲线"，非常形象，让大家记忆深刻，以至于忘了这顶帽子其实是在一堆约束和假设条件下才能成立的。其实，IPCC将"可能"定义为具有66%～90%的置信度，没有达到被认为是强有力的高置信度（＞95%）。

Wegman报告好像是在玩"极速光轮"，总是追着老曼的论点打转转，而North报告就像是一场"飞跃地平线"，为我们展示了正确认识气候变化的方向。但Wegman报告和North报告都同时看到了一个共同的问题，就是数据公开，尤其是涉及重大公共决策时应该加强数据公开。

这两份报告给予我们两点启示：

第一，虽然Wegman报告使用的社会网络分析存在未注明引用的情况，但他的结论是否有道理呢？笔者觉得有一定道理，这也说明了一定的问题，但这种所谓科研圈的朋党化现象是科学发展的必然，因为在高度细分的科学领域，全球顶尖研究团队可能就那么几个，他们之间难道不交流吗？

那这个问题怎么解决呢？其途径还是公开化、透明化。一旦公开，甚至把审稿人的意见都公开了，大家就不会讲交情、给面子了。因为作为审稿人，你一旦知道你现在写的每一笔都会被实名公开，有时反倒越是认识的人，可能对其批评得越严厉，因为审稿人也要避嫌。

第二，简化后的科学或者说科普在广泛传播后有一定风险。"曲棍球棒曲线"之所以能引起美国国会的重视，主要还是因为它简单、形象，公众的认知负担小。要给公众讲气候数据重建，有几个人会听？但这样一来可能就会被社会网络越传越邪乎。这个事件其实是气候科学如何与决策者和公众沟通的一个典型教训。

IPCC作者是"运动员兼裁判"吗?

有种声音认为IPCC作者存在"运动员兼裁判"的双重角色，有违客观公正，真的是这样吗？

回到IPCC邀请史蒂夫老头作为评审专家这个故事线上。之前史蒂夫老头就批评过IPCC，认为IPCC作者存在自我引用的情况，就是在写IPCC报告的时候引用自己的学术成果。史蒂夫老头认为，这是IPCC的制度问题，是一种"运动员兼裁判"制度，其程序不合理。

史蒂夫老头说得有道理吗？不仅史蒂夫老头，有很多人都是这么批评IPCC的，表面上看确实有点道理，但其实没道理。这是为什么呢？

IPCC报告确实存在大量作者引用自己发表的文献的情况，这在程序上完全合法，这恰恰是IPCC想的，要不IPCC为什么会邀请你当报告某一章节的作者，当然是因为你是这个领域的专家。你为什么是这个领域的专家，当然是因为你在这个领域发表了大量的学术文章，因此也只有你才有能力判断、评估这个领域的问题、现状和趋势。在引用学术成果时，引用了自己的文章那就是必然了，其实全球报告都是这个组织模式。

IPCC总不能随便找个人让他撰写某个章节吧。当然，这里的"你"很有可能是"你们"，是一堆专家，所以IPCC报告中每个章节都有十几名甚至几十名作者。

IPCC的最新报告，也就是第六次评估报告（AR6）的作者包括

721名专家，这些专家是从2858名专家中严格筛选出来的。IPCC之所以邀请史蒂夫老头当评审专家，不是因为他是退休老头有时间，而是他发表的3篇学术文章确实提出了关键问题。试想如果史蒂夫老头受邀当了IPCC报告的作者，他难道不引用自己文章的结果，而去引用老曼文章结果吗？

说到这里，就引出了IPCC的评审制度。IPCC的评审制度并不同于我们通常了解的学术文章的评审制度。学术文章的同行评审制度就是匿名同行评审制度，是科学发展中非常重要的一个制度设计，是科学发展自我纠错的重要制度保障。就是因为有了这个程序，科学作为人类目前认识世界的最佳手段才能大旗不倒。

但同行评审是一个底线思维，它只能防止你不出现重大失误，并不能保证选拔出真正的革命性创新，可能评审人根本就看不懂你的工作。所以同行评审在操作上秉持怀疑主义，对文章主张"证明给我看"的原则。

史蒂夫老头针对老曼的质疑，其实属于同行评审的范畴，说白了，同行评审本质上是挑刺，这倒挺适合史蒂夫老头。所以，同行评审并不是一台真理机器，却有点像垃圾处理器，只能确保你不是垃圾，但无法保障你有高价值。

IPCC报告并不直接开展研究，也不资助相关研究，只对公开发表的文献进行综述。按照IPCC的理解，这样可以更加客观地获得评估结果。

从严格意义上讲，IPCC的评审制度并不是学术文章评审制度，因为IPCC报告采用的材料都是经过同行评审的学术文章。假如你有篇文章还未正式发表，或者说你只是在网上发了一个帖子，尽管你觉得非常重要，想供IPCC引用，但IPCC是不会考虑的，因为你的成果没有经过同行评审。

尽管IPCC只是把各种观点、方法攒起来，但实质上也创造了新概念和新认知。所以IPCC也设计了一套评审制度，以防出现重大失误或者误判。IPCC的科学权威在很大程度上是基于其多层专家评审制度的。

这里简单介绍一下IPCC报告的评审流程。假如IPCC准备撰写一次全球气候变化评估报告，其基本的评审流程如下：

●报告大纲评审。IPCC在报告大纲阶段就需要组织全球专家评审，以防遗留重要方向和出现结构性问题，这轮评审专家的规模一般较小。

●第0稿（ZOD）评审。这一稿并不完整，甚至相当粗糙，许多内容只是占位符，相当于在这个地方标注我要写什么及可能存在什么问题。这样可以让评审人知道报告的脉络和可能的样子。

●第1稿（FOD）评审。这一稿内容相对完整，评审意见也相对具体。

●第2稿（SOD）评审。这一稿基本算是完稿了，IPCC会组织全球专家和190多个联合国成员国政府参与评审。这一阶段的评审意见非常多，第六次评估报告的3个工作组收到的评审意见共有199630条。作者必须对所有评审意见逐条回应，工作量非常大。

●最终报告和决策者摘要（SPM）。这2项内容都要经过IPCC大会评审，其中决策者摘要需要在大会现场逐字逐句地评审和修改，最终报告由IPCC大会通过。一旦通过，IPCC很快（一般也就几天）就会把报告全文放到官网上。这一环节才是真正的炼狱。

这里还有个问题，就是谁才能成为IPCC的评审专家呢？学术期刊的评审专家一般是根据文章发表情况选择的，所以如果你在某个领域没有发表过学术文章，那么基本不太可能成为该领域的审稿人。

但IPCC对评审专家相当开放，虽然绝大部分仍然是领域内的学术专家，但在IPCC注册后，凡是能够证明自己具备相关领域的认知，如新闻记者或者拥有土著知识的原住民（这一领域对于各地适应气候变化非常重要），都有可能参与IPCC报告评审。

这些非常规的评审专家往往能指出重大错误。我们经常说"三个臭皮匠顶个诸葛亮"，我认为并不是说三个臭皮匠的能力相当于一个诸葛亮的能力，而是说三个臭皮匠能支撑起一个诸葛亮，这里的"顶"可以理解为"顶他"。因为诸葛亮不可能算无遗策，他也有知识盲点，而他的知识盲点也可能就是他同行（都是军师或者参谋）的知识盲点，但可能恰恰是臭皮匠的优势领域。这就有点像西方典故所说，丢了一颗马蹄钉，失去一场战争。因为在具体细节方面，臭皮匠更能发现问题。

对于最终报告和决策者摘要的评审过程是最艰难的环节。一方面，参与评审的已经不仅仅是专家了，其中有很多是各国政府代表；另一方面，很多尖锐的意见可能在前面的多轮评审中并没有被提出，或者没有出现面对面的对抗，一些评审专家可能到最后才出大招。IPCC大会评审一般会有三四百人参加。

举一个具体事例[1]，它发生在1996年IPCC第二次评估报告（AR2）的评审现场。针对第一工作组决策者摘要中的一句话，评审专家发生了明显分歧。

这次报告在决策者摘要中提出了一个非常重要的结论：

"我们量化人类活动对全球气候影响的能力是有限的……然而，证据表明人类对全球气候有可观的影响。"（Our ability to quantify the human influence on global climate is currently limited...Nevertheless，the balance of evidence suggests that there is an appreciable human influence on global climate.）

这是IPCC第一次明确提出人类活动对全球气候变化产生了影响。这一结论引起激烈的讨论。反对者认为，"可观"一词过于严重，有可能夸大事实；支持者认为，这一结论已经成熟。双方僵持不下。

1　Hulme M. A critical assessment of the Intergovernmental Panel on Climate Change[M]. Cambridge：Cambridge University Press，2022.

你知道就这么一个词，IPCC大会讨论了多长时间吗？整整两天。最后的结果是什么呢？改词。各方提议了30多种修改方案。

IPCC主席伯特·博林（Bert Bolin）最终确定了一个双方都能接受的修改方案，将"可观"（appreciable）改为"可识别"（discernible）。

"我们量化人类活动对全球气候影响的能力是有限的……然而，证据表明人类对全球气候有可识别的影响。"（Our ability to quantify the human influence on global climate is currently limited... Nevertheless，the balance of evidence suggests that there is a discernible human influence on global climate.）

这样，与会各方才最终批准通过了IPCC报告。说实话，"可观"（appreciable）和"可识别"（discernible）两个词又有什么本质区别呢？幸亏是单一语言——英语，如果还要通过其他语言版本，是不是还要有更长的争论时间呢？

IPCC大会评审其实就是"铁人三项"，需要高度的注意力、超强的体力和超高的耐力，是精神加肉体的双重折磨。其实到最后，靠的都不是谁的理由更充分、谁的论点更科学、谁的证据更坚实，而是谁的体力更好、谁更能熬得住。

这个时候，IPCC的角色已经不像是一个科学组织者了，更像是一名政客或者说客，IPCC的双重身份发挥得淋漓尽致。没办法，国际博弈就是这样。针对有些句子或者段落的讨论时常让人感到非常无奈，要道理没道理，要科学没科学，反正就是有人反对。

正是这种双重气质，IPCC以高超娴熟的技巧化解了各种问题，才使人们能够看到一份份各国官方和全球绝大部分科学家都认可的评估报告。但此时，我们又能知道这里面有多少艰辛？

20世纪美国著名作家菲茨杰拉德有句名言："同时保有两种截然相反的观念还能正常行事，这是第一流的智慧。"

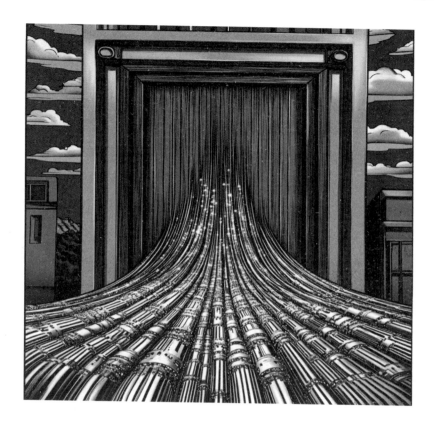

IPCC评审制度变革

IPCC现在有这么严格的评审制度，为什么还要进行改革呢？2005年8月，史蒂夫老头受邀成为IPCC第四次评估报告的评审专家。他绝对尽心尽责，因为本身就对IPCC制度颇有微词，且指名道姓地批评过IPCC的评审制度，这次有了正式的机会，当然要充分利用。

即便在当时，IPCC的评审制度也称得上是严格、广泛和公正的，要不也不会邀请史蒂夫老头当评审专家，而且他还批评过"IPCC作者存在自我引用的情况"，前文已经说过此事了。

史蒂夫老头一看挑战制度没戏，于是回归到他擅长的细节领域，极为耐心地逐条找问题，针对IPCC报告内容提出了很多细节上的问题。在程序上，IPCC作者必须对每条意见和建议作出回复，但这些评审意见和回复并不公开。其实即便是现在，大部分学术期刊的评审意见和回复都不公开，也就是说，如果你不是作者，你是看不到审稿人和作者之间的观点讨论及回复、反馈和修改的，你能看到的就是文章发表出来的最终稿。

但史蒂夫老头显然不满足，他积极要求IPCC公开所有专家的评审意见及IPCC的回复或者处理方式。他的理由是，如果不公开，IPCC就会对很多审稿人提出的意见和建议简单处理，尤其是一些有争议的观点和问题，很难说审稿人和IPCC作者谁对谁错，需要对这个问题进行充分解释和说明。公开不仅可以提高大众的认知，而且可以促进未来针对这个问题做进一步的深入研究。

这个说法很有道理且切中要害。IPCC号称要引领和推动全球气候变化科学发展，那就不能隐藏问题，而要发现和暴露问题，以吸引全球激烈讨论和科研攻坚。之前我们也说过，科学的进步往往就是在问题上展露端倪的。

IPCC被史蒂夫老头搞得没办法，真的开始进行评审制度改革，采取了更加激进和全面的公开制度，即把每个环节的评审全部在网上公开。这种做法非常彻底。从这一刻起，IPCC通过暴露问题真正激发了全球气候变化科学研究的活力。

IPCC的回复可以分为接受（accepted）、拒绝（rejected）和注意（noted）三类。

对于"接受"，如果是文字修改，那解释说明一下已经按照意见修改就行了；如果是补充、完善等建议，则需要说明具体是怎么操作的。

对于"拒绝"，要明确说明理由。IPCC的回复中有相当一部分建议是"不在本报告的研究范围"，如涉及领土争议等问题，用"拒绝"这种方法处理起来往往比较简单。但若不是这类问题，IPCC作者如果想拒绝专家意见，则需要给出具体理由。

对于"注意"，一般针对的是讨论性的建议，审稿专家本身并不期望能有明确的修改，可能仅是提醒，或者就是正面的肯定、鼓励等。

有些专家就喜欢看IPCC报告的评审意见和回复，一问一答很有意思，给人很大的启发，而且带着问题再回去看报告，阅读效率会更高。

应该说，通过这次改革，IPCC的评审制度成为目前科学历史上最广泛、最开放和最包容的评审制度。IPCC能形成这么强大的科学权威，在很大程度上就是依赖于其不断优化的评审制度。

未来，同行评审会怎样发展呢？从学术期刊的角度来看，同行评审制度是一种底线思维，只能防止不出现重大失误。这种评审制度的好处就是可以节约大量的资源，防止文献爆发式增长，否则大家都写文章，那文章就铺天盖地了，社会公众根本没有办法判断其结论的对错。所以，学术期刊相当于为学术研究进入社会设置了一套闸门，降低了人们掌握和跟进科学研究的成本。

大数据时代有可能会出现一种"涌现"式的学术评审，就是让学术成果在社会中经过竞争和打磨而最终涌现出来，而不是把学术成果的最终判定权交给某几位专家。

为什么呢？其实大家可以想一想，李白的诗是怎么流传至今的？在没有专家评审制度之前，唐诗是怎么传播和优选的？李白写完诗，就像发朋友圈一样到处给别人看，如果是烂诗，根本没法流传；如果是好诗，就会穿越千年，直到现在我们读起来依然回味无穷。

为什么现在这套"涌现"式的体系无法运行呢？因为它在小数据时代效率太低，需要的时间太长，"辨材须待七年期"。我们任何人都无法等待几年才能知道某个发现是否值得跟进或者关注。

"历史不会重复，但它会押韵。"在大数据时代，这个问题就很容易被解决。在社会大数据网络下，以前收集、整理、反馈效率低等问题因AI等的应用而轻松解决，一个成果一旦发出，很容易在学术海洋里经受锤炼，然后以一种意想不到的方式涌现出来。

气候变化领域一起诡异的黑客事件

2009年11月17日，全球气候圈发生了一件非常诡异的黑客事件。说它诡异，有两个原因：一是到现在（已经过去10多年）仍然没有搞清楚黑客是谁、目的是什么，这也为这起黑客事件增添了不少神秘色彩；二是它在短期产生了比较严重的恶性影响，可以说是"侮辱不大、影响极强"。

该事件的过程是这样的：黑客入侵了东安格利亚大学气候研究室的服务器，获取了大量数据和上千封邮件，并且把数据和邮件在网上公开，史称"气候门"（climategate）事件——这是借用了美国总统尼克松的"水门事件"（Watergate scandal）。这个气候研究室是全球气候变化研究的重镇。

一般来说，黑客入侵不外乎两个目的。一是炫技，证明自己能力强，入侵各种服务器如入无人之境。例如2015年7月，一个非常有名的交友网站被黑客黑了，全球50多个国家的3700万会员信息被盗。一个叫作"Impact Team"的黑客组织承认是他们干的，并公开了所有数据。后来还真有科学家拿这些数据开展了研究。二是获利。这应该是绝大部分黑客的目的。大家一听黑客，可能会将其想象为隐姓埋名的黑衣大侠，诛杀恶霸，替天行道。但实际上，有些黑客就是网络上的小偷或劫匪，其目的很简单，就是诈骗和抢劫。

在气候研究室被盗取并公开的大量邮件中，有一封邮件与老曼有着非常重要的关系，就是研究室主任菲利普·琼斯（Phil Jones）的邮件。琼斯在信中声称使用了老曼的方法（trick）来解决数据问题。

"I've just completed Mike's Nature trick of adding in the real temps to each series for the last 20 years（ie from 1981 onwards）and from 1961 for Keith's to hide the decline."

这封邮件马上被用来质疑"曲棍球棒曲线"。"Mike's Nature trick"指的就是老曼在*Nature*文章中使用的数据处理方法。事后调查证明，琼斯说的"trick"并不是做手脚的意思，而是口语化的巧妙技巧。更重要的是，很多人误以为后面的"decline"（下降）指的是温度下降，刚好说明老曼修改了数据。但结合前后邮件来看，这里指的是树木年轮数据反映温度的可靠性下降，这封邮件明显被断章取义了，并没有发现有证据可以证明他们操纵了气候数据。看来以后即便写邮件、发微信这种私人活动也要逻辑严密、措辞谨慎，否则多少年以后被人翻出来可能会理解为完全相反的意思。

史蒂夫老头对这件事比较低调，他只是简单地说了一句"奇迹发生了"（A miracle has happened）。当然，大部分邮件信息对他并不新鲜，而且他自己早就在网上公开了与老曼的邮件。

这虽然是一个气候变化领域非常重大的黑客事件，但实际上并没有暴露任何有价值的东西，黑客应该非常失望。第一，没有达到预期，没有发现想要的气候黑幕、爆料材料；第二，得到的数据没什么用，既没卖钱，也没进一步引发科学研究。这种气候基础数据对绝大部分人毫无用处，需要的人基本也都能通过合作交流获取。

　　但这起黑客事件却触发了公众对整个气候变化的高度关注。本来气候研究室是受害者，但在媒体的引导下，公众不但没有谴责黑客的盗取行为，同情气候研究室，反而怀疑气候数据的可信度。就好像某人的家被盗了，大家不去谴责小偷、盗匪，反而诘问这家是否有不可告人的秘密，不然为什么不去盗别人家？

　　在媒体的引导下，公众的逻辑成了"你的数据不让我看→你被黑客黑了→数据被公开了→所以你数据应该有问题→所以我就要怀疑你"。

　　这是历史上最诡异的一场黑客事件，找不到事主，不知道动机，没发现爆料，你说诡异不诡异？

　　更加诡异的是，这起黑客事件刚好出现在2009年12月7日即将召开全球气候变化大会之前，这次大会就是大名鼎鼎的哥本哈根世界气候大会（COP15）。这是全球应对气候变化领域影响极为深远的一次大会。两个事件在时间线上紧挨着，那黑客事件的影响就变得极为恶劣和严重了。

"气候门"事件

黑客事件为什么会升级为"气候门"事件呢？关键就在于它影响了其后整整一个月。2009年12月，即将召开的哥本哈根世界气候大会（COP15）吸引了全球的目光，汇聚了各国政府领袖，包括当时的美国总统奥巴马。此时突然冒出来一个黑客事件，再加上很多反对气候变化的利益团体和媒体的推波助澜，"小事化大、大事爆炸"，难道是要借此机会搞黄全球应对气候变化？

2009年11月，气候变化学术共同体遇到了前所未有的挑战。媒体大肆渲染，认为科学家们合谋、歪曲甚至篡改数据并制造观点，从而引发了广泛的公众争论，"曲棍球棒曲线"和老曼依然是其中的焦点之一。被公开的邮件和文档被摘选、剪辑并在互联网上传播，目的是质疑全球变暖，以及人为活动是全球变暖的原因。

当时的媒体战确实产生了严重的影响，它使公众对气候变化科学的信任度明显下降。2009年11月—2010年2月，英国民众对"气候变化主要是人为造成的"的支持率从50%降至34%，而这一结果也与美国独立民调机构皮尤研究中心（Pew Research Center）的数据相符。

由于事态越发严重，各种权威机构迅速开展了一系列独立调查：

●2009年12月，美国宾夕法尼亚州立大学（Pennsylvania State University）针对老曼开始调查；

●2010年1月，英国下议院的科学与技术委员会（The House of

Commons Science and Technology Select Committee）对此事开展了独立调查；

●2010年3月，东安格利亚大学成立了一个独立科学调查小组，对此开展调查；

●2010年4月，东安格利亚大学与英国皇家学会（The Royal Society）成立了一个国际科学评估小组（International Scientific Assessment Panel），进一步开展调查；

●2010年7月，美国国家环境保护局（USEPA）对电子邮件进行调查。

这一堆调查的主要结论均一致，认为没有证据表明在"气候门"事件中气候研究室的工作存在任何故意的科学不当行为，也就是说，不存在数据造假或者篡改数据的问题。邮件中的私人交流被媒体误解了，科学家们只是在讨论如何处理复杂数据的方法。

虽然这些调查澄清了科学家们的名誉，但"气候门"事件本身仍对气候科学和气候政策造成了影响。它本身就是一个非常典型的案例，启发我们思考如何在一个复杂、多变和高度互联的世界中进行更为有效和负责任的科学研究。

"气候门"事件对我们有三点启发：

第一，很多人都低估了气候变化科学的复杂性。对于气候变化科学的复杂性，普通公众很难完全理解。全球气候数据重建和评估相对而言是其中受人为主观影响最小的科学领域，而且应该是全球气候变化领域里最坚实、最可靠、最底层的科学结论。毕竟如果全球升温都在遭受质疑，那还搞啥碳减排呢？即便如此，我们也可以看到仍然存在大量的数据清洗、归一化和标准化等统计学处理方法，这些处理方法都是靠科学家人为设计和选择的。

即便是对于最简单的全球温度上升也存在一个质疑。究竟存在一个全球温度吗？其实根本不存在。至少在我们人类当前的测量水平下是不存在的。我们只能测量一个点或者一个很小范围的温度，全球温度其实是算出来的，那就存在怎么算的问题，这里又会涉及多种算法，如按经纬度网格统计分析，还是按大陆、海洋分权重分析等，每个环节都有人为设计的复杂方法。

第二，很多人都高估了公众对气候变化信任的坚实性。"气候门"事件表明，公众对气候科学的信任是非常脆弱的。由于气候变化科学非常复杂，公众只能信任科学家，你说什么就是什么吧，所以气候科学家在大家心目中是绝对客观、公正的。有一天突然发现你竟然在改数据，公众就会犯嘀咕，难道数据不应该是客观的吗？于是，有相当一部分人可能就会因此变为气候怀疑论者。

那就有人问了，在这种情况下我们应该怎么办呢？相信气候变化科学共同体。人类文明发展到现在，科学共同体已经是科学发展最可靠的载体，个别科学家可能会犯错，但科学共同体有一系列诸如评审、验证等方法和制度来约束它。事实上，尽管出现了"气候门"事件，科学共同体对气候变化的基本共识也并没有改变。

第三，很多人都忽视了媒体的角色。媒体在塑造公共观点和理解复杂问题，如气候变化方面起着关键作用。"气候门"事件展示了媒体有时可能未能准确、全面地报道科学事件，这有可能是由于其缺乏专业知识，或者是追求戏剧性和冲击性新闻的冲动。毕竟狗咬人不是新闻，人咬狗才是新闻。

气候变化科学共同体的媒体策略不应是针对某条新闻死磕，而是要不断宣传主流观点和正确声音，伪科学能用的手段，科学也应该使用，降低身段，用大家喜闻乐见的形式宣传科学。要主动出击，而不是等问题出现了再来反驳。

我们回过头来看这起"气候门"事件，它其实并没有对哥本哈根世界气候大会造成太大影响。气候大会过后，大家很快就把这起事件忘了，甚至到现在连对该次大会的记忆也逐渐模糊了。

黑客和媒体可能高估了哥本哈根世界气候大会的作用，想把宝押在大会上，指望一击致命，这完全是妄念。全球应对气候变化的滚滚大势不可能因为一件小事而改变走向。时至今日，应对气候变化已经形成了前所未有的全球共识。

当年非常流行一句话：不要相信哥，哥只是个传说。

喜马拉雅山的冰川要消失了吗？

2009年，在黑客事件和"气候门"事件发生的同时，IPCC还面临另外一个严峻问题，这是由一个实锤的错误导致的，在IPCC历史上还是第一次。IPCC在事后正式承认了该错误并公开道歉，这更是少见。

这个错误就是喜马拉雅山冰川融化事件，当时吵得也很厉害，只是"气候门"事件的影响太大了，喜马拉雅山冰川融化事件就没有那么凸显。但它与"曲棍球棒曲线"及"气候门"事件有本质的区别，这是IPCC犯的一个真正的错误。

IPCC在2009年为什么会出现这么多问题呢？这其实与哥本哈根世界气候大会这个聚光灯有关。IPCC作为关键的科学支撑机构出现在这个聚光灯下，把人们的目光都吸引了过来，因而以前没有发现和暴露的问题现在都充分暴露了出来。

还原一下喜马拉雅山冰川融化事件的完整过程，堪称跌宕离奇。

IPCC在2007年发布了第四次评估报告的第二工作组报告，也就是《气候变化2007：影响、适应和脆弱性》（*Climate Change 2007：Impacts，Adaptation and Vulnerability*），该报告的第10章名称是亚洲（Asia），其中有这么一句话：

"喜马拉雅山的冰川消退速度比世界上任何其他地方都快，如果按目前的速度，由于全球变暖，到2035年甚至更早，其消失的可能性非常大。"（Glaciers in the Himalaya are receding faster than in any other part of the world and，if the present rate continues，the

likelihood of them disappearing by the year 2035 and perhaps sooner is very high if the Earth keeps warming at the current rate.）

问题就在于"喜马拉雅山的冰川2035年前要消失"这句话上。这本来是报告全文中的一句话，要知道《气候变化2007：影响、适应和脆弱性》这份报告总共有987页，因此这句话根本就不显眼，它也没有出现在决策者摘要中，所以影响非常有限，当然也没有受到充分重视，当时没有太多人较真。

但是到了2009年，印度退休的冰川学者雷纳（Vijay Kumar Raina）写了一份报告，题目为《喜马拉雅山冰川：研究进展、冰川退缩和气候变化的最新综述》（*Himalayan Glaciers A State-of-Art Review of Glacial Studies, Glacial Retreat and Climate Change*），其结论是喜马拉雅山冰川的退缩和前进与全球气候变化没有什么直接联系，全球变暖并不一定会导致喜马拉雅山冰川消退。这里雷纳公开质疑IPCC关于"喜马拉雅山的冰川2035年消失"的结论。要知道，当时IPCC的主席帕乔里（Rajendra Pachauri）也是印度人。这个雷纳还真有点史蒂夫老头的风采。果不其然，IPCC的主席帕乔里马上就进行了反驳，认为雷纳都退休多少年了，说这种话简直莫名其妙。

然而由于哥本哈根世界气候大会的聚光灯作用，这次小小的较量没有就此打住。当然，喜马拉雅山的冰川本身也极具魅力。作为地球上最大的非极地冰川，它为数亿人提供了淡水，号称"亚洲的水塔"。IPCC现在说它将于2035年消失，再经媒体一宣扬，那还不炸锅？

这时就有细心的人查看了IPCC报告原文，想看看是怎么得出这个结论的。前文也说过，IPCC为了保证客观中立，自身并不开展研究，也不支持研究，只进行科学综述和归纳。所以，这个结论一定来自其他研究成果，那么究竟来自哪儿呢？

原来，这个结论引用的是世界自然基金会（World Wildlife Fund，WWF）2005年的一份报告（*An Overview of Glaciers，Glacier Retreat，and Subsequent Impacts in Nepal，India and China*）。WWF可不是一个小机构，它在全球环境领域的影响极大，号称全球最大的非政府环境保护组织，也就是NGO（Non-Governmental Organization），它的LOGO就是中国大熊猫。

那就有较真的人了，IPCC都不能全信，WWF自然也不能轻信。于是又有人去看WWF这份报告的原文，WWF总该是有理有据地论证了2035年喜马拉雅山的冰川融化的原因吧？

这么一看，发现WWF也不是原创，也是引用了别人的结论。WWF引用的是一份科普杂志——《新科学家》（*The New Scientist magazine*）1999年的一篇文章，该刊物的学术水平就有些降级了。

有人还不死心，就算科普文章也总得有个研究过程吧？于是又有人翻出来《新科学家》1999年发表的那篇文章。

不看则已，一看大吃一惊！《新科学家》的这篇文章（*Flooded Out-Retreating glaciers spell disaster for valley communitie*s）根本不

是什么研究，而是一个访谈。作者采访了印度冰川学家哈斯奈因（Syed Hasnain），哈斯奈因说喜马拉雅山的冰川很有可能在2035年前由于全球变暖而消失。

你看，一个口语化的观点经过层层引用最终竟然登堂入室，成了IPCC的报告结论，这其实也是学术领域的一个重要风险点。

更为关键的是，这里的报告和文章都没有经过同行评审。估计IPCC也是考虑到WWF的名头和招牌，所以没有仔细深究。

更诡异的是，这一结论的原创者——印度学者哈斯奈因发现问题炒热了，形势不妙，竟然改口了。2010年1月21日，哈斯奈因公开宣称《新科学家》误解他了，他的意思是到2350年，不是2035年，这一下差了300多年！

可是《新科学家》也有科学精神，发文坚持自己的报道，而且还找到佐证，认为哈斯奈因并非对一家媒体说了这个结论，对其他媒体也是这么说的。

总之，这确确实实是一个实锤的错误，证据链条完整。

那么IPCC究竟错在哪儿呢？并不是"喜马拉雅山的冰川2035年前要消失"这个结论，而是这是一条灰色文献。什么是"灰色文献"呢？就是指没有经过同行评审的研究结论。试想，WWF的报告如果经过同行评审，就会在很大程度上避免这些非常荒谬的结论。

于是批评如潮，这次IPCC果断承认了自己的错误。2010年1月20日，IPCC发布正式的道歉声明，IPCC主席帕乔里本人也公开道歉。

这场风波虽然过去，但喜马拉雅山冰川融化事件却没有完。该事件炒热之后，发生了"尼斯湖水怪"效应。也就是说，该事件之后，不少学者和研究机构真的开始关注和担心喜马拉雅山冰川融化了。随着资金和研究力量的不断加强及技术进步，对喜马拉雅山冰川的监测和研究越来越深入。

科学家发现，在全球范围内冰川融化与温度升高的关系接近线性，全球平均气温上升2.7℃会导致2100年地球约一半的冰川消失。这个2.7℃不是随便得出的，而是联合国在2021年评估各国应对气候变化承诺后认为最有可能的升温结果。

更令科学家们吃惊的是，喜马拉雅山地区的气温上升速度超过了全球平均速度。大量权威文章，如*Nature*、*Science*等顶级期刊都曾发表的科学文章认为，近几十年喜马拉雅山冰川损失的速度在不断加快，而且这个速度比之前认为的要快得多[1-3]。

看来喜马拉雅山的冰川真的要融化了！

1 Nie Y, Pritchard H D, Liu Q, et al. Glacial change and hydrological implications in the Himalaya and Karakoram[J]. Nature Reviews Earth & Environment, 2021, 2（2）: 91-106.

2 Zhang G, Bolch T, Yao T, et al. Underestimated mass loss from lake-terminating glaciers in the greater Himalaya[J]. Nature Geoscience, 2023, 16（4）: 333-338.

3 Rounce D R, Hock R, Maussion F, et al. Global glacier change in the 21st century: every increase in temperature matters[J]. Science, 2023, 379（6627）: 78-83.

IPCC发展之路：狐狸与刺猬

2009年，IPCC经历了黑客事件、"气候门"事件和喜马拉雅山冰川融化事件三大负面事件，同时又在哥本哈根世界气候大会上高光亮相，真可谓"冰火两重天"。

这是IPCC第一次在全球公众面前亮相，之前它只是一个科学决策支持机构。可谁都没有想到，当时IPCC正在经受着巨大的考验，只有经过了这次考验，它在全球气候变化研究领域的领导权才变得牢不可破。

虽然哥本哈根世界气候大会的成功光芒暂时掩盖了这三大负面事件的影响，但IPCC的危机却并未结束，而且直接导致其有史以来最深刻的改革。那么，这场深刻改革是怎么发生的呢？

面对三大负面事件的汹汹舆论，IPCC的老东家——联合国环境规划署和世界气象组织于2010年邀请国际科学院委员会（InterAcademy Council，IAC）对IPCC进行了独立调查。

IAC隶属国际科学院间合作伙伴关系（InterAcademy Panel on International issues，IAP），可以理解为整合各国科学院的全球科学院、全球院士的集合。路甬祥院士在任中国科学院院长期间就担任过IAC联合主席。

IAC在2010年8月发布了调查结果。首先承认了IPCC在气候科学领域的关键地位和无法替代的作用，否定了关于IPCC作者操纵结果的指责，但认为IPCC当前面临的日益复杂的任务与它现有的能力和管理结构之间不匹配。所以，IPCC必须进行深入改革。

IPCC在接到评估结果后马上采取措施，承认自己还处在学习和成长阶段，但宗旨和目标不变，愿意进行渐进式改革。2010年，IPCC在第32届会议上立刻落实了部分整改措施。2011年，IPCC又发布了一系列改革文件。

这次IPCC的深度改革可以总结为三大方向。

一是更加清晰的自我定位。IPCC提出了一条非常重要的原则——"政策相关，但不是政策建议"（policy-relevant but not policy-prescriptive）。这一条现在几乎成为IPCC的第一基本原则，其每次会议都会反复强调、突出显示。这表明IPCC的评估和报告应保持政策中立。

IPCC是一个非常特殊的机构，自认为是一个独特的组织，所以在成长过程中最大的挑战是怎么认清自己、怎么定义自己。这种自我定位会对IPCC的传播和沟通战略产生重大影响。因为你对外传播什么，就代表你的自我定义是什么，或者说你想成为什么。有时候你怎么看自己和别人怎么看你可能完全不一样，除非你反复地强调和清晰地界定自己。

二是更加严格和规范的程序。这次IPCC进行了一系列程序改革，加强和规范了工作程序，如设立了"审查编辑"（review editors）职能，这个以前没有。审查编辑的作用是为报告的每一章提供技术咨询和服务，说白了就是程序监督，以确保所有专家和政府的意见能得到考虑，作者认真处理了有争议的问题、没有夹带私货等。IPCC报告的署名显示每份报告的每一章都有2名审查编辑，他们其实并不开展任何工作，就是全天候跟着作者讨论、写作、提醒和监督，并及时把工作情况汇报给IPCC。

IPCC又专门制定了错误处理规范文件，即《IPCC处理报告错误的协议》，以及严格的错误处理流程。

IPCC还建立了解决利益冲突（conflict of interest，COI）机制，其所有工作人员，包括主席和所有作者都需要签署一个利益冲突文件，明确说明参与IPCC工作是否与自身存在重大经济利益冲突，这里的重大经济利益指超过1万美元。具体需要写明你从事的工作性质、雇佣关系、研究项目、金融投资、知识产权等，非常详细，IPCC以此来评估是否可能导致你的判断或者评估出现偏差。

三是更加广泛的受众。在此之前，IPCC的核心服务对象其实是《联合国气候变化框架公约》或者说是联合国，只是因为其公开了报告，所以公众也能看到，但普通公众并不是其核心受众。这次改革不同的是，IPCC正式出台了传播战略，一下子扩大了目标受众，包括联合国、IPCC观察员组织、科学界、教育部门、非政府组织、商业部门、媒体和全球公众。

目标受众不同，IPCC的工作模式和传播方式就会有很大差异，这就需要考虑受众如何理解和接收信息，因此照片、视频、互动地图等内容才逐渐丰富起来。从此IPCC更加重视与公众的沟通，更加重视利用媒体。

IPCC摆脱了原来那种纯科研团体的角色，开始越来越多地展现它的多元角色身份，使其更像是一个气候变化科学共识的建立者、引领者和传播者。

刘易斯·加迪斯在他的《论大战略》中提到了一个重要的思维模型，即狐狸和刺猬。狐狸知道很多事，刺猬只知道一件事。他给我们的建议是，要像刺猬一样确立目标，再像狐狸一样及时调整。这就需要我们时刻保持对目标的方向感和对环境的感知力。

IPCC成立的目的就是引领全球应对气候变化，把科学界的知识和洞见传播给决策者。这一点IPCC始终没变。可是这只是一个符号般的终极目标，具体的样子和形象并不清晰，所以以IPCC需要不断地定义、重整和规范自己。这就是狐狸式的改革和调整。

这些调整是怎样被触发的呢？恰恰就是外界的批评，这就是狐狸的特点。因为刺猬根本不管不顾，不管你说什么，它就只是勇往直前，当没听见。狐狸就不一样了，他会细心梳理和评估外界的信息和反馈，随时完善和调整自己。

其实，一个机构、一个人都是在别人的批评与反馈中成长和塑造自己的，只有把别人当作镜子，我们才能看清自己，明白自己的意义。因为你的意义有时候是接收到你释放的信息的人反馈回来的。别人对你的批评在某种意义上代表着他对你的诉求或者期望，或者说他希望你更好。

经过这场深刻改革，IPCC才成为我们现在看到的样子。

"曲棍球棒曲线"与气候变化：红色男爵现象

为什么一篇文章或者一根曲线会在全球范围产生长达十几年的持久影响，进而掀起这么大的风浪呢？

根据谷歌趋势检索，"曲棍球棒曲线"发端于1998年，之后一直保持热搜，其搜索热度持续到2010年，整整12年。2010年之后，大家才逐渐不再关心这件事了。"曲棍球棒曲线"应该是全球应对气候变化的现象级事件。

这件事的影响从*Nature*、*Science*各大学术期刊扩展到新闻媒体、网络、自媒体，甚至美国国会，又经历了黑客事件和"气候门"事件。全球似乎因此分为两派，有点像金庸武侠小说里的剑宗和气宗一样，全球应对气候变化一时分为支持派和怀疑派两大阵营。

两位男主——老曼和史蒂夫老头，的确功不可没。史蒂夫老头步步为营、坚韧不拔的精神令人敬佩，但老曼从来没有放弃过，两人都是越战越勇。

我们对"曲棍球棒曲线"故事做一个总结。

首先，即使到现在（2023年10月），也没有证据表明"曲棍球棒曲线"存在数据造假或者学术不端的行为。这件事证明了气候变化科学的复杂性。

通过这场十多年的论战，公众才真正理解气候变化是一门非常复杂的科学。复杂科学的传播成为IPCC一个重要的挑战，当然也导致了IPCC的深刻改革，尤其当这个复杂科学与全球每个人的生存和发展息息相关的时候。

任何复杂科学的结论都难以甚至无法用简单的一句话或者一张图来总结，客观来说，任何简化都意味着某种程度的错误，因为它隐含了非常多的假设条件。这也是IPCC专门出台传播战略的一个重要原因。

前文举过全球温度的例子。存在一个全球温度吗？根本不存在，全球温度其实是算出来的。那么再进一步思考，控制全球升温1.5℃，这个1.5℃是什么意思？是说全球某年平均温度超过1.5℃就算控制失败吗？

其实IPCC在第六次评估报告中给出了非常清晰的定义，它是指全球平均温度比工业革命前，也就是1850—1900年的平均温度高1.5℃的第一个20年的中间年份。也就是说，如果连续20年的温度平均值超过1.5℃，那么这20年的中间年份就是全球超过1.5℃的起始年。不知道你理解了没有，这么表述是不是很费劲？

所以，可能这个中间年份的升温会低于1.5℃，因为我们考虑的是20年的平均值。如果以后某年的升温超过1.5℃，但当年的温度并不高，甚至你直觉上还觉得有点冷，那其实一点儿也不奇怪。

但要向公众传播的话，就只能简化成升温1.5℃，你总不能说，在当前温度测量水平下，基于全球各种温度测量空间集成算法，全球连续20年的平均温度比1850—1900年的平均温度高1.5℃，那20年的中间年份就是升温超过1.5℃的起始年。这句话还没说完，大家都跑了，没人听，因为根本听不懂是什么意思，对不对？

但是简化为1.5℃后，很多人就困惑了，升温1.5℃，多大点事？我每天出门，室外温度比室内高好几摄氏度呢？不也好好的吗？这就很容易造成误解和困惑，这就是IPCC未来面临的巨大挑战。

其次，"曲棍球棒曲线"是气候变化领域的一个现象级传播事件。

传播领域有一个非常著名的红色男爵现象。第一次世界大战期间，有一位德国飞行员叫曼弗雷德·冯·里希特霍芬（Manfred von Richthofen），他号称是世界上击落敌机最多的飞行员，后来证实其实不是，还有一个法国飞行员——雷内·方克比他击落了更多敌机。但他很特别，他把自己的战斗机涂装成红色。这是很危险的行为，因为很容易暴露。这人还是名门望族出身。于是，在战争和政治宣传中里希特霍芬被符号化和神话化，人送外号"红色男爵"。他也确实表现出色。因为红色意味着危险、激情、醒目，男爵又意味着尊严和荣誉，所以"红色男爵"就形成了一个非常完美的传播符号，其故事性和戏剧性极强。

以这个"红色男爵"为参照，我们再来看"曲棍球棒曲线"，是不是就好理解了？

"曲棍球棒曲线"一样醒目和有视觉冲击性，其形状非常直观——简单、直白的上升，因此被媒体广泛引用。它为记者和新闻机构提供了一个清晰且易于传达的工具。

另外，曲棍球棒是用在哪儿呢？主要是冰球场上（冰上曲棍球）。因此，当你看到"曲棍球棒曲线"的时候，是否就会联想到冰球场、冰面，这样如果温度升高，就会造成巨大的心理反差，引起强烈的情绪波动。

最后，"曲棍球棒曲线"只是一个导火索，它触发了全社会对全球气候变化的疑虑、困惑和讨论。

"曲棍球棒曲线"事件其实深刻地反映出21世纪初的10年间世界对全球变暖和应对气候变化的争议。"曲棍球棒曲线"的出现只是把大家的疑虑和争议聚焦了起来。

再举个例子。"一战"前，没有一个国家认为会发生世界大战，因为当时欧洲各国都有姻亲关系，最主要的3个国家（英国、德国、俄国）的君主——英国的乔治五世、德国的威廉二世及俄国的尼古拉二世都是维多利亚女王的孙子，这三位统治者是堂兄弟关系。那么，在这种亲戚关系下战争又是怎样打起来的呢？

客观的解释是，"一战"爆发前的几十年间，欧洲的政治、经济和社会都发生了显著的变化，累积了大量的矛盾，欧洲国家之间存在着海外殖民地竞争、领土争端、民族主义崛起、各国军备竞赛等问题，尤其是德国的工业化成功和迅速崛起。对于一个到处是火药味儿的地方，萨拉热窝事件就成为"一战"的导火索。

　　所以，"曲棍球棒曲线"可能就相当于这么一个导火索的作用。

　　时至今日，由于"曲棍球棒曲线"是一个极具争议性的称呼，IPCC基本不再使用这个名字了。

　　可是，2021年IPCC发布了最新的第六次评估报告，在决策者摘要中有一张非常醒目的全球温度近2000年的变化图，展示了过去2000年全球平均温度一直处于相对稳定的状态，直到最近两百年，即工业革命后才出现了快速上升。仔细看看这张最新的全球温度变化曲线图，难道不是更像曲棍球棒了吗？

"曲棍球棒曲线"故事的终结

　　"曲棍球棒曲线"故事的两位男主通过长达12年的斗争，从 *Nature*、*Science*等各大学术期刊到新闻媒体、网络、自媒体，甚至美国国会，让"曲棍球棒曲线"的脉络性、故事性和可观赏性越来越强。更重要的是，它给我们提供了一个非常有趣的视角来观察全球应对气候变化的趋势，也让我们有机会扒开气候变化科学的神秘外衣，一窥究竟，同时让我们了解了全球气候变化研究的大BOSS——IPCC。

　　笔者对于老曼与史蒂夫老头这两个人，以及他们12年的缠斗有以下三方面的感想：

　　一是从战略和斗争结果来看，老曼取胜。

　　两人的斗争持续了整整12年，如果我们再延长14年，也就是到了现在（2024年），再回过头来看这个事件，应该可以比较客观地给出评价。

　　从最终结果来说，应该是老曼胜利了。挑起战斗的是史蒂夫老头，但不论他怎么折腾，都无法从数据、方法和结论上证明老曼是错的或是在学术上有瑕疵，这是学术共同体经过长达26年（两人斗争12年+此后至今的14年）所证明的。IPCC第六次评估报告的最新结论其实是强化了"曲棍球棒曲线"这种现象。

　　但这并不代表老曼没有问题。老曼的问题恰恰代表了气候变化科学的问题，或者说，恰恰说明全球气候变化是一个真正的科学问题。因为只有科学问题才有可能被证伪，这就为史蒂夫老头反复纠缠提供了可能。否则，如果老曼仅仅是一个价值判断，史蒂夫老头根本无从证伪，只能打口水仗，因为根本没有细节、没有数据、没有过程，以史蒂夫老头的斗争风格可能连一个月也坚持不下来。

二是在战术上，史蒂夫老头略胜一筹，表现出彩、令人佩服。

虽然说这两个人从全社会的角度来看都是普通人，但是如果把两个人放到一起来看，还是有很大差别的，尤其当斗争战场是气候变化科学时。

老曼毫无疑问是全球气候变化科学领域的顶级科学家，他从地位上是占优势的，而史蒂夫老头就是个普通退休老头，他属于弱势一方。但史蒂夫老头战术上的优势使他能与老曼坚持斗争12年，他的优点就是步步为营、不紧不慢、执着坚韧。他在许多小规模斗争中所表现出来的科学精神有时反倒还高于老曼，这就是为什么这两个人地位悬殊还能缠斗12年之久的重要原因。

你想如果一个普通人去和一个大牌科学家斗争，可能连一年都坚持不下来。根本没人搭理他，更无法引起社会公众的关注和认同。

别看老曼是大牌科学家，有时反倒受其所困，他特别在乎细节上的得失，试图全面防守，结果反倒使自己有点被动。史蒂夫老头反而越来越像一个科学家，他甚至自己去实地求证老曼的树木年轮样本。

举一个例子。树木年轮数据是老曼气候数据重建中非常重要的数据来源，而北美西海岸山区狐尾松（就是电影《暮光之城》中的那种漫无边际的松树林）的年轮数据又是树木年轮数据中的重中之重。

史蒂夫老头为了验证原始数据的可靠性，在2007年夏天亲自跑到现场去检查原始样本，这是多大的求真精神啊！要知道找到一棵具体的树绝非易事，尤其是20世纪80年代取样的原始树木，没有GPS数据，当时只是在树上挂了个标记小牌。好像除了先确定一个小范围再挨个人工检查，没有其他办法。

好在史蒂夫老头找了一名志愿者，叫Pete Holzmann，这个人住在当地并愿意提供帮助。两人从美国森林局获得许可后租了一辆越野车，自带物资和采样设备，幸运的是，经过三天的搜寻，他们非常幸运地找到了一组有标记的树木。所以说，史蒂夫老头不论成败如何都非常值得我们佩服。

三是在现代社会，不是你的身份或地位而是你面对的问题和挑战定义了你。

为什么要把史蒂夫老头比作"扫地僧"呢？扫地僧是金庸武侠小说《天龙八部》中的一个人物，常年或者说一辈子在少林寺藏经阁里当清洁工，毫不起眼、默默无闻，甚至可能是一个低级清洁工，因为寺院长老都不知道有这么一号人物。可是一旦面对具体问题，他就爆发出了巨大的潜力和韧性。

史蒂夫老头是退休后才开始涉足气候变化领域的，之前甚至从

来没有发表过文章。他从早期只是提问题、挑刺，到后来开始与
Nature、*Science*这种大期刊怼，再到自己开始写学术文章、做数据
分析、建立网站，甚至为了处理海量气象数据学习Fortune、写代
码，最后甚至学习了R语言，自己还跑去现场调研。他其实是试图
凭一己之力把老曼这些顶级科学家的工作从头来一遍，他把自己活
成了方法学。

这就是"扫地僧"的价值。他无门无派，但面对那些武林宗师
毫无惧色。他在日常点滴细节之中内外兼修，竟然通过这条路悟到
了武学、佛学的巅峰。

从全球热点研究看气候变化

以往评估文章（这里的文章指的是正经八百经过同行评审的学术文章）的影响力都是看其引用率，就是学术圈内部怎么看这篇文章，或者直接根据科学共同体来判断，如请权威专家打分，像*Science*发布的"2023年度十大科学突破"就是小范围科学共同体的评价结果。

但是有个叫Altmetric的机构，他们的方法与众不同。Altmetric每年跟踪学术期刊论文在新闻报道、媒体平台、社交平台、政策文件、博客及各类在线平台上被提及或者说被引用的频率，通过计算形成综合影响力分值（可以理解为一篇文章的社会影响力或者社会关注度）。这很有意思，也很有道理。一篇文章被Altmetric评为热点文章，通常意味着它在学术界和公众之间产生了显著的影响和广泛的讨论。

打个比方，传统做法，类似*Science*的评审，有点像电影里的奥斯卡金像奖（又名"美国电影艺术与科学学院奖"），它是由行业投票获得的，反映的是这个行业或者领域的共识。而Altmetric的方法有点像是票房统计，代表了社会公众是否关注和买账，反映的是社会共识。社会共识并不一定代表领域内最重要、最前沿的水平，也不代表正确的观点，但它代表了公众的关注点。

可以说，一部获奥斯卡金像奖的电影你可以不看，因为它有可能是一部非常小众的电影，但一部票房排名第一的电影，你大概率要去看的，为什么？因为你不看就没法与人交流，大家都在讨论，不管这片子是好是烂，你也得看看，去了解一下，这样才有谈资。所以，Altmetric评选出来的气候变化热点文章就是气候圈的"社交货币"。

下面我们就聊聊2023年全球气候变化十大热点文章，先从TOP 1文章看起。这是一篇关于南极冰架（ice shelf）的文章，题目是《2009—2019年南极冰架面积的变化》，发表在《冰冻圈》（Cryosphere）杂志上[1]。你可能会奇怪，这么专业、冷门的一篇学术文章为什么会吸引流量呢？公众有几个去过南极？又有几个知道南极冰架是什么？流量密码就是文章的结论："2009—2019年，南极冰架的面积增加了5300平方千米。"

该论文一经发表，就在Twitter上引来热议，有48000个账户的63000多条帖子参与讨论，里面不乏大V。仅在《冰冻圈》杂志的网站上，该文的全文浏览量就已超过15万次。如此一来，新闻媒体、电视台、视频网站等快速跟进，因为大家都要追热点、蹭流量嘛！

这篇文章到底是怎么火起来的呢？关键是一些著名的气候怀疑论者的集体狂推力鼎，他们认为这是反对全球变暖的有力证据。你们不是说全球变暖、冰川融合吗？现在有学术文章证明南极冰不仅没融化，面积还增加了呢！支持全球变暖的人该被打脸了吧？这些人估计都没怎么仔细看全文，只看到"南极""冰""面积增加"

---

1 Andreasen J R, Hogg A E, Selley H L. Change in Antarctic ice shelf area from 2009 to 2019[J/OL]. The Cryosphere，2023，17（5）：2059–2072. https：//tc.copernicus.org/articles/17/2059/2023/.

几个词就已经high了，其他的故事完全靠脑补和口口相传。

当然了，能把一篇研究南极冰架的文章作为全球变暖一个重要反证，也充分说明气候怀疑论者也没什么好的证据了，对不对？因为这其实是一个非常小众的证据。

但即便小众，这篇文章能否作为反对全球变暖的一个证据呢？

先看看原文作者是怎么说的。这篇文章的作者一看文章这么火，也不得不出来接受媒体采访以正视听。该文的作者——英国利兹大学（University of Leeds）的Anna Hogg说，看到论文"被用作表明气候变化没有发生的证据""非常惊讶"，因为论文"没有做出这样的声明"，"一些气候怀疑论社交媒体账号利用这项研究误导传播，我们无法逐一回复和解释"。

有几点需要注意：第一，原文只是利用卫星遥感数据（MODIS）进行冰架面积的监测分析，没有开展原因分析；第二，南极冰架在2009—2019年有18个冰架面积是萎缩的，16个冰架面积是增加的，只是加总后的总面积是增长的。

就算作者只是开展面积监测，读者难道就不能根据文章的数据自行判断和进行逻辑分析吗？这也是有可能得出全球没有变暖的结论的。

首先，要搞清什么是冰架？因为这篇文章的研究对象是冰架。冰架既不是冰川（glacier），也不是冰盖（ice sheet）。冰架、冰川、冰盖是南极冰非常重要的3个概念。

范围最大的是冰川，可以简单地理解为大面积的冰；冰盖是覆盖在陆地上面积广阔的冰川，所以也叫大陆冰川；冰架，也就是这篇文章的研究对象，是冰盖（大陆冰川）向海洋中延伸的部分，可以理解为冰架是冰盖的一部分，但它是可以移动的，毕竟是漂在海上的。

其次，搞清了这几个概念，再回到原文分析南极冰架面积是怎么增加的。虽然原文没有解释，但很有可能是南极冰盖或者南极冰川在融化。冰川融化会将更多的冰输送到冰架上，从而增加冰架的面积。

为什么说很有可能呢？

跳到十大热点文章的TOP 6，这篇文章的题目是《21世纪全球冰川的变化：每次升温都至关重要》[1]，发表在 *Science* 上，其核心结论是：全球平均气温上升与冰川质量损失之间有强烈线性关系，即正线性关系；从全球大趋势来说，冰川一直在减少。

同时，十大热点文章的TOP 7发表在 *Nature* 子刊——《气候变化》上，题目是《21世纪南极西部冰架融化在未来不可避免会加剧》[2]。文章说，南极西部冰架的加速融化已经锁定，即使是最雄

---

1 Rounce D R，Hock R，Maussion F，et al. Global glacier change in the 21st century：every increase in temperature matters[J]. Science，2023，379（6627）：78–83.
2 Naughten K A，Holland P R，De Rydt J. Unavoidable future increase in West Antarctic ice–shelf melting over the twenty–first century[J]. Nature Climate Change，2023，13（11）：1222–1228.

心勃勃的减排方案也是如此。海洋变暖可能导致南极西部冰盖崩塌，西部冰架的质量下降，这是南极洲海平面上升最主要的原因。

后面两篇都是原因分析，这三篇文章放到一起看是不是就比较清楚了？此外，根据世界气象组织的最新数据，整个2023年南极海冰面积已经降至有记录以来的最低值。南极冰川在融化，海平面在上升，这难道不是全球变暖的有力证据吗？

最后，退一万步讲，即便南极地区在降温、冰川在增加，能否就反驳全球变暖呢？还是不能。因为全球变暖并不代表地球上每一块土地都在变暖，事实上，地球上的确有不少地方在变冷。我们只是从平均意义上说全球在变暖。

从这三篇热点文章我们得到的启发是什么呢？ TOP 1文章之所以受到高度吹捧，是因为它太明显了，乍一看像是一篇反对气候变暖的文章。这可能是由公众理解气候变暖的简单思维或者直觉思维造成的，好像我们一感觉到气温变冷，就觉得全球变暖是一个谎言。这其实是一个大小尺度切换的错觉，全球变暖是一个全球性结论，我们个人根本没有能力判断。即便我们拿一个温度计精准测量自己所在地区的温度，表明它在持续下降，也不能证明全球没有变暖。全球变暖是全球科学共同体一起计算出来的，这个结果是全球科学家的共识。

此外，当前在科学如此开放和国际化的背景下，任何一个观点找到一篇学术文章来支撑都非常容易。哪怕是一个错误的观点，也很容易牵强附会地找到一篇文献作支撑。但是，从科学共同体整体的学术观点来看就非常难了。

所以对于个人，单独一篇文章，即便是热点文章，不论你的理解是对是错，认知风险都非常大。这恰恰是IPCC的重要性所在。IPCC就是把所有学术文章的观点综合到一起来评估，从而降低我们对气候变化认知和判断的风险，这才是科学表述和对待复杂世界的态度。

再来看十大热点文章的TOP 2，文章的题目是《评估埃克森美孚的全球变暖预测》[1]，发表在*Science*上。这篇文章分析了石油巨头埃克森美孚公司从1977年就开始研究全球变暖，其对全球变暖的预测正确且娴熟。埃克森美孚公司与科学家一样，了解到全球变暖的事实。但二者的区别是，科学家努力宣传他们所知道的，而埃克森美孚公司却努力否认。

这一结论可谓石破天惊，大量媒体竞相报道。这多少有点阴谋论的味道，很对媒体和公众的口味，应该说其火爆在意料之中。

确实，一些化石燃料公司巨头都在试图说服公众，化石燃料的使用与气候变暖之间不存在必然的因果关系，因为气候模型的不确定性太大。

1　Supran G，Rahmstorf S，Oreskes N. Assessing ExxonMobil's global warming projections[J/OL]. Science，2023，379（6628）：eabk0063. https：//www.science.org/doi/10.1126/science.abk0063.

但是，这次让科学家和公众找到了石锤证据。2015年，《内部气候新闻》（*Inside Climate News*）和《洛杉矶时报》（*the Los Angeles Times*）的记者调查了埃克森美孚公司的内部备忘录，发现该公司自20世纪70年代末就知道化石燃料可能导致全球变暖，并在2050年前将对全球环境造成巨大影响。你别说，预测得还挺准！埃克森美孚公司早在1981年就开始将二氧化碳核算纳入公司规划，其碳资产管理提前了40年。

埃克森美孚公司是怎么知道的？原来，该公司拥有强大的科研团队和内部模型，而且科研工作开展得很早（20世纪70年代）。其模型质量怎样呢？文章作者真是下功夫，把埃克森美孚公司1977—2007年的模型结果与主流结论逐一对比，发现63%～83%都是准确的，而且其对未来全球变暖的判断与公开发表的学术结果一致。

这当然首先证明了埃克森美孚公司科研实力的强大，早就提前布局，很有战略眼光。但问题是，他们对外可不这么说，都是说模型和研究结果的不确定性还很高。

研究人员和记者又发现了更多文件，显示美国石油和天然气行业最大的贸易协会——美国石油学会至少从20世纪50年代起就已经意识到潜在的人为全球变暖问题，煤炭行业至少从20世纪60年代起就已经意识到潜在的人为全球变暖问题，电力公司、道达尔石油公司、通用汽车公司和福特汽车公司至少从20世纪70年代起就已经意识到潜在的人为全球变暖问题，壳牌石油公司至少从20世纪80年代起就已经意识到潜在的人为全球变暖问题。

这下可不得了！美国数十个城市、县和州开始起诉石油和天然气公司，指控他们"长期以来对气候变化的原因和后果缺乏系统认识，开展欺骗公众的活动"。欧洲议会和美国国会都举行了听证会，一场名为ExxonKnew（字面意思是埃克森早知道）的草根社会运动已然兴起。

这篇热点文章确实有点阴谋论的味道，但是换个角度来说，如果你是埃克森美孚公司的高管，在你组织开展的气候变化研究中突然发现了这个结论，你会怎么办？

以人性来论，大概也是瞒而不报，告诉公众研究还不成熟，还得继续开展深入研究。因为的确任何研究都有不确定性，对不对？如果稍有负面发现就大肆渲染，那才不正常呢！相当于把自己的产业搞垮，革自己的命。这个情节倒是挺适合拍成大片的。

TOP 3文章是关于极端高温的，题目是《2022年夏季欧洲与高温相关的死亡率》[1]，发表在*Nature*子刊——《医学》上。文章发现，2022年夏季是欧洲有史以来最热的季节，超过6万人的死亡与高温有关。有650多家媒体的943篇新闻报道了这项研究，这是十大热点文章中新闻报道最多的，部分原因可能是2023年7月该文章

---

1 Ballester J，Quijal-Zamorano M，Méndez Turrubiates R F，et al. Heat-related mortality in Europe during the summer of 2022[J/OL]. Nature medicine，2023，29（7）：1857–1866. https：//www.nature.com/articles/s41591-023-02419-z.

正式发表时欧洲又经历一场被称为"地狱犬"的热浪。

2022年夏季，欧洲因高温而死亡的人数最多的国家依次是意大利（18010人）、西班牙（11324人）和德国（8173人），女性因高温而死亡的人数比男性多56%，看来女性在高温下更加脆弱。

在全球变暖的大背景下，欧洲地区的升温幅度比全球平均水平高出近1℃，比任何其他大洲都高。所以，欧洲对全球变暖更加警惕和敏感。科幻灾难片《后天》中的科学逻辑是，全球气候变暖，北极冰层融化后流入大西洋，导致海水盐分稀释冲过临界值，使"热盐环流"停止，于是海洋温度急剧下降，强力风暴把巨冷空气从对流层拉下来，北大西洋地区转瞬变成酷寒的人间地狱——又一次冰河期降临地球。

极端天气成为Top 3文章倒很正常，因为其实人对气候变暖最强烈的感知就是极端天气，而且很容易联系到全球变暖。你要说冰川融化、海平面上升，公众其实是很难体会到的，而且因果链条比较长，它更像一头灰犀牛，明知道灰犀牛在那儿，但并不知道灰犀牛对自己的影响有多大。反倒不如一只鬣狗追着自己咬，马上能感觉到痛，哪怕撕掉一块皮，咬掉一块肉，都能痛彻心扉。

其实不光欧洲处于极端高温，全球2023年都处于一个极端高温状态下。2024年1月，世界气象组织发布2023年是有记录以来最热的年份，全年平均气温比工业革命前（1850—1900年）高出（1.45±0.12）℃，大幅超出此前最热年份的升温幅度，都已经接近《巴黎协定》1.5℃控温目标了。

TOP 8文章是关于全球变暖的损害评估，题目是《量化全球变暖的人类成本》[1]，发表在*Nature*子刊——《可持续性》上。

气候变化的成本或者损害通常是以货币计量的。这篇文章提出了一个新概念——人类气候生态位（human climate niche），即以人口数量计量。作者首先造了一个理想的人类气候生态位，就是在年平均温度约为13℃时，人口密度会达到峰值，在27℃时会达到另一个次峰值。

为什么会出现人口密度峰值呢？因为气候对人有直接和间接的影响。直接影响包括健康和行为。人类对热舒适度的感知在进化过程中让我们在22~26℃的条件下最舒适，28℃以上舒适度下降。相应的行为变化包括改变衣着、改变环境（包括室内环境）和改变工作模式等。气候的间接影响是物种或资源的分布和丰度，包括水资源、粮食资源、畜牧资源等。

最理想气候条件下的人口密度，也就是前面说的人口密度峰值，就是人类气候生态位。作者用被排除在人类气候生态位之外的人口数量表示气候变化的损害或成本。

该文章的结论是，气候变化已经使大约9%的人口——超过6亿

1 Lenton T M，Xu C，Abrams J F，et al. Quantifying the human cost of global warming[J/OL]. Nature Sustainability，2023（6）：1237-1247. https：//www.nature.com/articles/s41893-023-01132-6.

人——脱离了人类气候生态位。到21世纪末（2080—2100年），在全球变暖2.7℃的情况下，可能会使约1/3（22%～39%）的人口处于人类气候生态位以外。今天，全球约3.5个人的终生排放会挤占未来1个人的人类气候生态位。

这其实是提供了一个新的视角，采用创新的方法来量化气候变化对人类的影响。这在科学和研究领域通常会引起重视，而且它的结论和数据能吸引新闻媒体的兴趣。

能上十大热点的文章都是来自学术权威期刊，值得一读。整体来看，十大热点文章基本都是负面情绪文章，这也说明公众喜欢负面新闻。对比来看，*Science*发布的2023年度十大科学突破主要表达的是正面情绪，代表着科学共同体的审美偏好，其中有3个与气候变化相关，分别是地球碳泵正在逐渐减速、寻找天然氢源愈演愈烈、AI天气预报员即将问世。

碳中和，世界会发生什么？

碳中和城市竟然这么魔幻？

　　一个城市实现碳中和究竟有多难？或者说成为一个零碳城市究竟有多难？实现碳中和，需要一个城市一年内的净二氧化碳排放为零，也就意味着城市当前绝大部分的二氧化碳都需要减排，剩下的少量排放可以通过植被碳汇或者地质封存抵销。这个城市的规模还不能太小。我们可以非常容易地找到那种碳排放量小且植被条件好的小城市，相信这类城市现在很有可能已经实现了碳中和，但它并不代表当前世界的普遍状态，否则就不需要我们如此不遗余力地呼吁城市碳中和了。讨论碳中和和城市，最适合的是找一个千万级人口的大城市。如果这样的城市都能实现碳中和，那么从某种意义上说我们离实现全球碳中和也就不远了。

　　一个千万级人口的大城市每年需要消耗多少能源和排放多少二氧化碳呢？以南京市为例，其2020年的能源消费量为6354万吨标准煤，碳排放量为1.1亿吨，森林碳汇不到100万吨。通过简单估算，也就是说要代替这么多能源，需要一个与南京市几乎同等面积的光伏发电站。从这个例子可以看出，以当前的技术水平要实现一个城市的碳中和基本上是不可能的，或者说代价是非常昂贵的。

　　现在我们已经知道一个大城市实现碳中和是非常难的，但是我们并不知道究竟有多难。或者换一种方式，用我们经常使用的货币化方式表达，就是一个城市实现碳中和大概要花多少钱？迄今为止，全球没有出现真正意义上的碳中和大型城市。但世界上总有第一个吃螃蟹的人，也就是说总会出现第一个从零开始建设碳中和超大城市的尝试，这个城市就是沙特的THE LINE。

2021年1月，沙特阿拉伯王储穆罕默德·本·萨勒曼（Mohammed bin Salman）宣布要建设THE LINE——一座容纳900多万人的零碳特大城市。由于它是在沙漠中凭空建设的，我们可以充分释放想象力，设想一下这个碳中和城市会是什么样的？

现在让我们闭上眼睛，打开脑洞，想象一下如果自己所在的城市实现了碳中和，那会是一种什么样的体验或者场景？科技酷炫，交通快捷？森林无处不在，到处鸟语花香？可是如果我们再看一下沙特的THE LINE规划方案，我们肯定会由衷地感叹，"贫穷限制了我们的想象"。

首先，沙特这个方案要建设的已经不是我们传统意义上理解的城市了。它完全颠覆了传统的城市规划——长170千米、宽200米、高500米。这还是城市吗？这难道不是一个大管道吗？在这个占地面积仅34平方千米的大管道中，没有汽车和道路，居民可以在5分钟内步行到所有公共设施，任意两地的出行距离缩短到20分钟；城市功能垂直分层分布，人在三维空间（向上、向下或水平）中无缝出行；垂直耕作的方式为居民提供食物；100%使用清洁能源，95%的土地都被划为自然保护区。

这是通过城市形态的革命性变化来解决城市交通问题，其根本目的是解决城市的效率问题，使城市运行能效得到革命性提升。

笔者不知道怎么翻译这座城市的名字——"THE LINE"，

"线城"还是"箭城"？城市如箭？

你可能认为，这么魔幻的一个城市可能实现吗？它只是一个大胆的构思和方案吧？但是，THE LINE城市项目真的开工了，其建筑工地笔直如箭，穿过沙漠，穿过沙特阿拉伯北部群山。2022年10月的最新遥感影像显示，THE LINE已经挖掘了大约2600万立方米的泥土和岩石，是世界上最高建筑体积的78倍。

那么它的建设成本是多少呢？5000亿美元！如果按照沙特人均排放18吨碳计算，以现在的水平，900万人每年的碳排放约为1.62亿吨。如果全球碳价格按照50美元计算，那一个900万人的城市一年的碳排放成本大约是81亿美元。考虑THE LINE要建设到2045年，那其总的碳排放成本大约是1860亿美元。当然这个估算非常粗糙，因为未来碳价格会快速上升，但至少给我们一个量级上的概念。它是我们建设成本的底线，也就是说我们的建设成本绝对不会低于这个值。

那沙特的THE LINE对我们有哪些启示呢？笔者想起一个小故事，两个农夫在想象皇帝的生活，其中一个农夫说，"皇帝应该拿着金锄头干活吧？"另一个农夫赶忙补充说，"不对，金锄头的把上还得有个大钻石。"这种"金锄头"思维模式反映出我们难以跳出当前的思维局限，之所以没法打开脑洞，是因为我们的脑洞其实从来没有跳出自己的认知边界。碳中和城市对于全人类来说都是革命性的，脑洞不够大，根本无法引领这场深刻而广泛的变革。如果人类的目标是2050—2060年实现碳中和，那么就意味着碳中和是一个近40年的浩大工程，这40年会发生什么变化？没有人知道。我们唯一知道的是，一定会发生很多我们现在无法想象的变化，因为这些变化一定是革命性的。

沙特的THE LINE只是碳中和城市的冰山一角，未来会出现更多大胆的尝试。例如，在海上建设一个巨大的球形城市，既能解决城市供暖制冷等高能耗问题，也可以变革交通模式；通过"超深钻井"获取地球深处的强大电流，清洁、高效、无排放、不占地；受控核聚变实现商业化应用，能源都成了白菜价，碳排放问题从根本上得到解决。

碳中和将如何改变我们的日常饮食？

我们可能觉得碳达峰、碳中和是全球目标、国家战略，涉及能源革命、技术创新、产业转型等，离日常生活还有40年呢！但让我们再仔细体会一下"实现碳达峰、碳中和是一场广泛而深刻的经济社会系统性变革"这句话，就会发现这句话非常高明，未来我们可能需要用10～20年的时间去领悟和体会这句话所包含的深刻洞见。

那么，碳中和怎么会影响到我们的日常饮食呢？具体来讲，就是碳中和会影响我们吃什么肉，怎么吃肉吗？

人类最早有规模、稳定的肉食摄入得益于1万多年前畜牧业的蓬勃发展，直到"二战"后工业化养殖再次颠覆性地提升了人类的肉食摄入量。全球现在有80亿人，却有500亿只鸡，全球野生鸟类的总和也不过500亿只。这意味着如果没有养殖家禽，全人类有能力把全世界的鸟都吃光。

工业化养殖让人类文明迅速发展，也让文明的人类不得不面对两种新型的巨大挑战。第一，动物福利问题。鸡的自然寿命约是15年，但是一只蛋鸡最多活16个月。它们生活在一个极小的笼子里，甚至无法伸展翅膀，在强光照射下持续进食，拼命下蛋。牛的自然寿命约有20年，但肉牛的寿命仅有1年。小牛出生后就与妈妈分离，关在一个小笼子里，基本没有活动，它唯一一次走路就是在前往屠宰场的路上。第二，温室气体排放问题。据联合国粮农组织（FAO）统计，畜牧业温室气体年排放总量为71亿吨二氧化碳当量。当量的意思就是把所有温室气体按其升温贡献程度全部折算为二氧化碳，这样便于比较与加和。畜牧业排放的主要温室气体不是二氧化碳，而是甲烷和氧化亚氮，它们的排放量占人类温室气体总排放量的14.5%。这个体量非常大，全世界所有国家中，排放量超过这一数值的就一个国家。

对于第一个"动物福利"挑战，乍一看基本无解，或者说唯一的解就是不要吃肉，但这基本不可能。孔子说"钓而不纲，弋不射宿"，孟子也说"君子远庖厨"，意思就是该杀还得杀，但是不要太过分。只要不看，就用不着共情了。对于动物福利问题，全球根本无法达成共识。很多人认为，人的福利还没解决，又怎么解决动物福利？如果动物福利要解决，那植物福利就不需要解决吗？植物也是生命。另外，蟑螂的福利要解决吗？

第二个"温室气体排放"挑战，其实就是解决畜禽养殖粪便和肠道发酵的温室气体排放问题，通俗地说就是打嗝、放屁、拉屎等问题，因为畜禽养殖业绝大部分温室气体排放都来自这些环节。应对气候变化是人类当前最大的共识，排放体量这么大，必须要减排，没人反对，甚至连IPCC都提倡少吃肉，但这个太反人性了。

在这种情况下，以人造肉取代养殖屠宰获取肉源成为解决以上挑战的一个重要选择。人造肉其实就是用生物技术生产肉，也叫细胞农业。具体过程是这样的：从牛身上提取肌卫星细胞，将其置于培养基中，使细胞能够分裂和生长；用电流锻炼细胞，使它们成为真正的肌肉，并不断增加质量；最终收获肉。因为没有畜禽生长过程，所以也就没有排放，而且它同时也解决了动物福利问题。

人造肉能极大地降低肉的碳足迹，因为它没有养殖和生长过程，所以打嗝、放屁、拉屎全都没有了。生产1千克普通牛肉的碳足迹是29.8千克二氧化碳当量，而人造肉的碳足迹仅为1.7千克二氧化碳当量，相当于减排94%，基本实现了畜牧业的碳中和。这也是人造肉近十几年快速发展和推广的重要原因。

可能有人会说，人造肉成本太高。确实，2013年第一个人造肉汉堡的价格高达33万美元，是在谷歌联合创始人谢尔盖·布林的资助下实现的。但是我们知道，在全球碳中和的大势和共识下，技术进步和成本下降得非常快。扫描第一个人类基因组花费了数十亿美元，而如今只要几百美元。现在人造肉汉堡的成本已经低于100美元，如果按照这个状态发展迭代下去，未来我们就可以吃到廉价的人造肉了。

可能还有人会说，除了人造肉，还有植物造肉，也就是用植物制作类似肉质的食品，就像那种用豆腐做成的像肉一样的素斋。之所以说类似，是因为它根本不是肉，所以即便出现得早，也没有充分发展起来，更无法在全球层面全面取代工业化养殖。而且植物肉的碳足迹也不低，因为它的程序并不简单。由于是用植物去逼近肉的口味和质感，其加工过程会更加复杂。已有的文献显示，植物肉的碳足迹基本上是人造肉碳足迹的2倍。

这里并不是鼓励大家去购买人造肉，而是说在一个清晰约束下，我们的生活会快速发生意想不到的变化。而碳中和就是人类当前最为清晰和普遍的约束，也是未来40年里确定性最高的一个全球趋势。所以我们可以从现在开始，根据碳排放约束不断训练我们的认知和行为模式，使其不断贴近和适应碳中和。物竞天择，适者生存，而不是强者生存，适应就是发现大趋势、适应大趋势、跟上大趋势。在未来的某个时刻，一定有个机遇在等着我们，并触发我们的提升和发展。

除了饮食，碳中和还会在哪些方面影响我们的生活呢？首先是思维层面。碳中和是人类历史上第一次把普通公众的个人行为与全球变化联系起来。在气候变化领域经常说的一句话是"Think Globally，Act Locally"，也就是说，我们在全球格局下开展的行为选择是建立在更为长远和理性的思考之上的。其次是能源层面。笔者认为目前价格昂贵且产量不足的绿氢将在未来大行其道，理由是它是最符合碳中和本质需求的能源。绿氢不仅是能源，还是储能和工业原料，可以一次性解决很多碳中和道路上的关键问题，绝对是碳中和道路上的"一箭N雕"的多面手。最后是日常家居层面。北欧、新中式等家具风格必然成为审美主流——简约、木质、纯色、实用，木质家具不仅制造过程的碳足迹低，而且本身就是碳汇。

比尔·盖茨的"碳中和"1亿头牛计划

全球碳中和要中和的对象可不仅是二氧化碳。作为温室气体家族的"二当家",甲烷的减排任务不仅与人相关,还与牛相关。素食主义的牛为什么会成为碳排放大户?牛打嗝、放屁带来的海量碳排放应该由谁负责减排,又该如何减排呢?

笔者看到了一则火爆新闻很有意思,说比尔·盖茨要用7年的时间"碳中和"1亿头牛。新闻内容是这样的:比尔·盖茨投资了一家澳大利亚创业公司,叫Rumin8——你看人家公司的名字就叫ruminant(反刍动物),摆明了就是要解决反刍动物的温室气体排放问题,即"反反刍",就是不让反刍动物反刍——最近这家公司在技术上实现了突破,针对牲畜瘤胃中的产甲烷过程制作出抗甲烷化合物,将其制成饲料添加剂就可以减少85%反刍动物消化系统产生的甲烷,该公司的目标是到2030年"碳中和"1亿头牛。

牛的甲烷排放有多重要?这就要算一算了,一共有三种算法。

第一种是本地排放算法,相当于谁排放、谁负责。这是IPCC建立的国家温室气体清单核算方法。全球畜禽(基本来自牛,尽管也有其他反刍动物)肠道发酵(打嗝、放屁)的甲烷排放约为30亿吨二氧化碳当量,占全球温室气体排放的5%,占全球农业部门温室气体排放的23%。甲烷的增温潜势是二氧化碳的28倍(AR6),也就是说排放1吨甲烷相当于排放了28吨二氧化碳。

第二种是产业链排放算法,相当于谁受益、谁负责。联合国粮农组织就使用了这种算法,它认为畜牧业温室气体年排放量总计

71亿吨二氧化碳当量，占人类温室气体总排放量的14.5%。牛是其中排放量最大的动物，约占畜牧业排放量的65%。在牛的养殖过程中，饲料生产和加工（包括土地利用变化）排放占其总排放量的45%，肠道发酵排放占其总排放量的39%，粪便储存和处理排放占其总排放量的10%。

第三种是产品全生命周期排放算法，相当于谁消费、谁负责。根据中国产品全生命周期温室气体排放系数库（China products carbon foorprint factors database，CPCD），每千克澳大利亚牛肉的碳足迹为25.38千克二氧化碳当量，该排放包括农场、加工、运输、仓储、销售等各个环节的排放，畜禽肠道甲烷排放占其中的70%。

Rumin8公司解决的当然是本地排放，就是在牛的胃里实现甲烷减排。每头牛每天可产生250～500升甲烷，如果按500升计算，相当于每头牛每年约排放0.1吨甲烷（相当于2.8吨二氧化碳当量），1亿头牛的温室气体排放量就是2.8亿吨二氧化碳当量。全球约有14亿头牛，相当于其直接排放基本上是40亿吨二氧化碳当量，这种简单的估算偏大（相较前面的30亿吨二氧化碳当量），但量级基本没有问题。

这个思路非常有启发，真有应对全球气候变化的架势，非常"比尔·盖茨"，为什么这么说呢？因为比尔·盖茨在他的《气候经济与人类未来》（2021年）中提到了碳中和创业的5条金律，也就是他投资的5条原则，第一条就是"必须有足够的减排量"。

足够是多少？比尔·盖茨给出的答案是全球排放的1%，大概5亿吨二氧化碳当量。他说，技术研发成功和全面实施后每年至少可以减少5亿吨排放，否则不应该占用我们为实现零排放目标的有限资源。但世界上能有几个国家的排放量超过5亿吨呢？

Rumin8公司迎合比尔·盖茨提出了1亿头牛目标，即减少2.8亿吨排放。为什么不提2亿头牛呢？那不是正好减排5亿吨吗？其实大家有没有想过，"亿"这个单位对于我们来说是震撼的，因为它太大了，日常生活中的单位一旦上亿，我们就会觉得量级非常大，甚至想不出来亿以上还有啥单位？只能说几十亿、几百亿。所以"亿"这个单位本身就是对人心智模式的一种震撼和突破。

Rumin8公司可能都没有细想过这1亿头牛从哪儿来？怎么管理？怎么组织？重点是1亿。有了这么宏伟的目标，是不是突然有一种被点燃的感觉，是不是突然觉得牛气冲天、豪情万丈，"气吞万里如虎"呢？

这种模式给我们带来的好处是什么呢？一方面，会让我们更加自信，活出自己的意义，原来自己也可以凭借一己之力完成一个伟大目标；另一方面，一个持久、稳定、宏伟的目标会给我们建立一个非常好的人生参考，让我们对待身边的琐事、烦事、糟心事不那么计较——我有1个亿等着呢，现在这点事儿还叫事儿吗？

让我们再回到"1亿头牛计划"，牛为什么会排放甲烷呢？那是因为它们的胃部构造比较特殊。人只有1个胃室，牛却有4个胃室，第1个叫作瘤胃。瘤胃里的微生物可以帮助牛消化食物，产甲烷菌就是其中重要的一类微生物，其代谢产物之一就是甲烷。

产生甲烷是牛胃肠道能量利用的重要损失，占饲料总能耗的10%。这种浪费能源的过程为什么在长期进化过程中没有使产甲烷菌被选择性地清除掉呢？

这是因为在瘤胃中，微生物通过降解饲料中的碳水化合物生成挥发性脂肪酸，而挥发性脂肪酸是牛的主要能量来源，这一过程会产生氢气，氢气的累积会抑制碳水化合物降解，从而影响瘤胃的消化效率。产甲烷菌恰恰可以把氢气转化为甲烷，由于甲烷损失的能量低于维持系统效率而挽救的能量，所以牛产生并排放甲烷这一过程或者说这一功能就被长期保存了下来。

牛排放甲烷竟然是在进化这把剪刀下精心修剪后保留下来的重要系统功能！

回过头来说Rumin8公司的技术突破。一个技术在实验上的成功不能被简单放大，尤其是放大到亿这个量级。一个在小尺度上能实现的事情在大尺度上可能会完全实现不了，因为它带来的系统性影响是我们难以预估的。

举一个现实的例子，如今太阳能发电技术已经非常成熟，假设全球有23亿座房子，每座房子安装一个太阳能电池板，全球不就实现碳中和了吗？听起来简单，可实际根本操作不了。

安装1个太阳能电池板,虽然既能零碳用电又能省钱,但会带来很多系统性问题:需要小区系统管理吗?需要街道统一规划吗?是否要并入电网?能否满足各类电器功率和稳定性要求?停电了谁来维护?等等。这还只是一家一户的问题,如果大量接入电网,由于新能源的波动性会对整个电网系统造成巨大的冲击,使电网的稳定性和安全性受到挑战。迄今为止,这些都是全球需要解决的重要难题。

影响了牛的产甲烷菌相当于影响了牛体内的微生物环境或者菌群结构,必然会影响牛的肠胃消化和能源利用过程,这种操作给牛的生理系统带来的影响非常复杂,而系统性影响最大的特点往往是结果的非线性和不确定性,更别说要在全球1亿头牛身上实施了。

其实,饲料添加剂这类技术算不上黑科技。IPCC在其评估报告中对于改进饲料和粪便管理、改善人的肉食结构等措施的减排潜力和环境影响都进行过系统性评估,并没有给予某种技术特别高的权重或减排占比,因为很多技术会同时演化和出现,具体哪种技术能胜出不确定性很大,甚至1亿头牛根本就不够分。

解决牛排放甲烷还有很多其他选择,如给牛戴专属口罩,并采集打嗝释放的甲烷统一处理。这个口罩可以是超大口罩,就是密闭大棚。这条路线更为可行,因为它的系统性扰动更小。

比尔·盖茨也投资了人造肉技术,人造肉这条路线更加灵活,更加适应工业化,而且更能与数字技术和生物技术完美结合。

　　如果打开脑洞，未来可能未必需要养牛或者提供牛肉。为什么这么说呢？我们吃肉的目的不外乎获得能量、营养和口感。假如配好营养液，再结合人工智能+脑机接口，让你有吃肉的感觉，可能也可以解决这个问题。只要控制了人的视觉神经、味觉神经，甚至听觉神经，改变一个算法，你就能吃到你想吃的任何东西，与真实情况没有本质区别。这是数字经济、虚拟现实下的零碳排放。

　　这些技术都在快速发展，未来谁能成为主流尚未可知，借用电影《笑傲江湖》中的一句歌词"谁负谁胜出天知晓"。

全球变暖对高考的影响？

说起高考，笔者想起了当年自己高考的场景。那时候高考还是在7月，比现在还热（2003年开始高考的时间提前了一个月）。笔者在考场里汗流浃背、奋笔疾书，印象特别深的是监考老师说的一句话："今天特别热，我有一个好办法，就一个字'静'。"

　　全球确实是在不断变热，根据美国国家航空航天局（NASA）的卫星观测数据，2022年6月和7月是人类有史以来最热的6月和7月。2023年估计也差不多。其实我们现在几乎每年都在说，今年是工业革命以来最热的一年，大家都快习以为常了。建议倒不如改为"今年是我们今后最凉爽的一年"，听着是不是好点儿？

　　持续升温对高考到底有没有影响呢？有一篇文章[1]还真认真研究了这个问题。其结论是有影响，温度每升高1℃，总成绩将下降0.34%，如果以519分为平均分，相当于约下降了1.76分。

　　这篇文章有3个特点：①样本量比较大，覆盖了2005—2011年来自中国2227个县城被录取的大学生信息，有1400万个观测值（来源于北京大学中国教育财政科学研究所），可能你的数据也在其中，因此数据量具有说服力；②影响因素考虑比较全，不仅考虑了6月7日和8日的日平均温度，还考虑了其他可能会影响成绩的因素，如阅卷环境及空气污染等；③给出的解决方案不够理想，就是

1　Zivin J G，Song Y，Tang Q，et al. Temperature and high-stakes cognitive performance：evidence from the national college entrance examination in China[J]. Journal of Environmental Economics and Management，2020（104）：102365.

装空调。现在距离文章中的调查数据时间已经过去了10多年，这个问题应该已经不是问题了。

有意思的是，这篇与大多数中国人成长命运相关的文章的第一作者竟然不是中国人（Joshua Graff Zivin）。笔者认可该文章的结论，但有两点讨论：①升温是否影响绝对分数，其实这种影响相对较小，因为高考成绩本质上是排序，如果大家的分数都在下降，个人排序就不会受到太大影响；②如果空调可以解决问题，那城市地区相比农村地区受到的影响应该更小，因为城市地区装空调的可能性更高才对，但是数据表现却相反。

温度高或者天气炎热确实对考试发挥有影响，但全球变暖对高考成绩的影响更为深远的倒不一定是在考场上，很有可能是在你的日常学习中。

为什么这么说呢？

我们当前比工业革命前（1850—1900年）的温度高约1℃，未来20年可能会再升温0.5℃，所以未来可能会影响0.17%的成绩，按平均成绩计算不到1分。而考场上由于陌生的环境、紧张的气氛，高温因素相对于其他因素的影响反而不太重要，除非是极端高温。

全球变暖真正让我们恐惧的不是温度升高1～2℃，因为在微观环境下升温几摄氏度，人完全有快速适应的能力。就像你从家里走到大街上，或者从大街进入商场，温度有时候能差10℃，但你并没有因此感到极度不适。

　　全球升温的一个重要后果是气候的变异性增加，极端天气的强度和频率升高，换句话说，天气和气候的不确定性会极大提高。这才是我们真正应该恐惧的，因为这极大地增加了我们适应气候复杂性的成本和困难。

　　2023年高考期间全国各地并非都处于酷热天气，南方很多地方是降雨天气，有新闻说江西南昌的考生因为突发暴雨迟到了37分钟。我国从2003年开始将高考时间提前了1个月，不仅仅是因为6月比7月的温度略低，另一个重要原因是6月的昼夜温差较小，极端天气较少。

　　从IPCC的最新评估报告（AR6，2021年）来看，2040年全球相比工业革命前（1850—1900年）将升温1.5℃，或者说比现在升温0.5℃（因为全球现在已经升温了1℃）已经是确定性事件。

　　在日常生活和工作中，气候异常和天气变化才是影响我们学习和工作效率的持久性因素。因为这不但会打乱我们的计划，妨碍我们的行动，更重要的是会扰乱我们的情绪，甚至影响我们的性格。*Nature*子刊发表的文章[1]表明，适宜的温度对人的社交能力和积极心态有长期而显著的影响，气候会影响和塑造我们的性格。

1　Wei W，Lu J G，Galinsky A D，et al. Regional ambient temperature is associated with human personality[J]. Nature Human Behaviour，2017，1（12）：890-895.

那么，我们该怎么办呢？

每个人都要积极适应气候变化。其实，全球应对气候变化包括两项内容：减缓和适应。减缓可以简单地理解为碳减排，适应就是对已经发生或者未来将要发生的气候变化做好积极的准备。

该怎样适应气候变化呢？当然不仅仅是装空调了，前面也说到我们面对的并非简单的温度缓慢上升，而是越来越剧烈的气候波动和极端天气。因此，我们不仅要锻炼身体、提高韧性、加强免疫，不让自己经常处在温度舒适区，要适当经受酷暑和严寒，如冲个冷水澡、洗个桑拿浴等，以激活人体本来就有的适应机制，更要做好心理准备，学会管理自己在复杂天气下的行为和情绪。

气候变化本身就是我们这一代人面临的最大挑战，所以我们要逐渐适应未来越来越大的不确定性，让自己变得更加成熟，把自己变成确定性，因为气候变化已经是大势所趋。我们更多的是要从自我行为上进行调整，让自己变成一个阳光向上的人。

高考过后，我们就算是成人了。高考应该是我们最后一件确定性最高的人生大事，未来我们面临的不确定性会越来越多，这才是人生常态。笔者又想起了自己高考时监考老师说的那个"静"字，也许我们需要的不是给房间装空调，而是给自己的内心加个"空调"。

显微镜下的大明碳排放

　　马伯庸的小说《显微镜下的大明》中讲了一桩历史奇案，叫"笔与灰的抉择——婺源龙脉保卫战"。你可曾想到，这桩奇案竟与碳排放有着千丝万缕的关系。

　　话说明朝万历年间，婺源县学子连续两届乡试成绩奇差，称为脱科，也就是说婺源县去考试的学子中竟一个中举的都没有。考试成绩波动本属正常，但婺源是什么地方？那是朱熹朱老夫子的祖籍所在，而且往届乡试都至少有五人中举。区区一县竟能保持如此之高的中举率，看来婺源长久以来文运昌隆。

　　所以，这次脱科就不是正常的成绩波动了。婺源学子开始分析原因，第一个念头是不会是主考官舞弊吧？这一点左右分析都不通。这时候，有个学子叫程世法，他提出了一个大胆的"模型"。他认为，婺源科举不利是风水出了问题。明朝人确实信奉风水理论，它相当于明朝的环境学+城市规划学。那么风水出了什么问题呢？婺源县有条龙脉（也就是山脉）遭到了破坏。被谁破坏了呢？是被采制石灰的乡民（也叫灰户）破坏了。这些灰户天天采矿烧窑，因而破坏了龙脉。

　　石灰在明代的应用范围非常广，需求量极大，建筑、消毒、装饰、炼丹、战争、医药、印染、造纸、船舶等行业无不见其踪迹。在明朝，石灰是非常有名气的工业产品。明朝名臣于谦写的《石灰吟》传诵至今："千锤万凿出深山，烈火焚烧若等闲。粉骨碎身浑不怕，要留清白在人间。"可见，明朝的石灰产业很发达。尤其嘉靖皇帝喜欢炼丹，石灰是炼丹过程中必不可少的原材料之一。当然，嘉靖皇帝使用的是不是婺源特供的石灰就不得而知了。

程世法的这个"模型"，我们称为"龙脉模型"。程世法还真有点科研精神，自己进行了一番实地调查，收集了不少数据。他发现，灰户天天凿石挖土、伐木焚林，等于是在龙身上一块块地剜肉。婺源县的龙脉相当于天天被凌迟，他们这些学子在科场上不失利才怪。这个"模型"深入人心，其理论基础有很强的公众心理认知，所以很有说服力。于是当地文人联名向知县告状，要求解决采石烧窑的问题，从而引发了一场明朝的环境保护公益诉讼大案。

婺源县为解决此事，正式发布了一份"保龙方案"（保护龙脉的措施和方案），建立了一个婺源龙脉保护区，不允许任何人进入采矿，而且建立了非常严格的监管措施和保障制度。例如，县以下各级单位（当时叫"都"）实行保甲连坐，每月须提交一份本地无伐石烧灰的甘结，就是保证书；重金鼓励都之间相互举报，奖励一半罚金，这相当于汉武帝时期的"告缗"制度，真是洞察人性；更重要的是，知县亲自督战，跟篦子扫过似的，一个窑口不留。

有了这么好的保护方案和制度措施，婺源县的龙脉破坏事件是否就此彻底解决了？才怪！

后面的故事感兴趣的读者可以去看小说，情节非常复杂，高度反转，而且都是历史上发生过的真事，古史考证有力。马伯庸在该书序言中就说，这次他写的不是小说，而是历史纪实。

那这个故事与碳排放有什么关系呢？关系非常大！

首先，石灰生产可能就是明朝最大的二氧化碳排放源，其关键环节就是"烈火焚烧若等闲"这一煅烧过程。其次，这个"龙脉模型"是我国古代一个非常经典的环境模型，学子们基于其开展的归因分析在当时看是没有问题的，尽管从现代人的角度看这个模型好像是封建迷信。我们现在的气候变化也存在归因问题，也就是说怎样证明全球变暖是由人类活动产生的碳排放导致的呢？现在的归因模型是不是也是另一个高级版本或者现代版本的"龙脉模型"呢？最后，"保龙方案"究竟能否解决问题？大家注意，马伯庸的原话是"才怪！"，那当然就是没有解决了，不但没有解决，而且问题不断复杂、螺旋上升，冲突不断。这就奇怪了，明明是很好的制度设计，理应是个完美的解决方案，大家也看不出什么破绽和漏洞，为什么会适得其反呢？

第一，在明朝，现在温室气体排放清单中的重要排放源除了石灰生产，基本都不存在。火电当然没有了，水泥生产也没有，炼铁是有的，但燃料主要是薪柴，也就是生物质，是不计入人为活动碳排放的。当时只有非常少量的煤炭使用，但不是主要燃料，烧制石灰的主要燃料仍然是薪柴，要不怎么在破坏龙脉的时候"凿石伐木"会经常一起出现呢？婺源县有矿，又有木材燃料，所以石灰烧制产业才比较发达。当时，煤炭还有一部分用作煤雕，也就是做雕刻品。

石灰生产在燃料使用中没有碳排放，也就是我们通常说的没有化石燃料燃烧排放，但石灰生产是有工业过程排放（industrial processes emission）的。这类碳排放并未发生在以获取能源为目的的过程中，所以不叫化石燃料碳排放。石灰石（碳酸钙）在高温下会分解成氧化钙（也就是石灰），因而会伴随二氧化碳排放。

明朝石灰生产的工业过程碳排放有多少呢？由于相关资料匮乏，很难估算。据《大明会典》记载，建筑砖与石灰的比例为1:1，每片城砖用石灰1斤[1]。明代筑城消耗的城砖数量非常巨大。当时，婺源县内就有几十个石灰窑，而当时全球的碳排放才是千万吨水平。

第二，"龙脉模型"究竟有什么问题？

"龙脉模型"的理论基础是风水学，它其实是有一定道理的，是我国古代朴素的环境学+城市规划学。现在来看，这个环境影响的归因是存在问题的。或者说，从现代环境学的角度来看，这种归因是缺乏逻辑和实证的。如果按照现代环境科学和人体健康学，故事应该这么讲：采石挖矿会产生粉尘，进而污染空气，同时会污染地下水，导致学子整天咳嗽和跑肚拉稀，没法正常读书，所以成绩下降。按照这个逻辑，倒也说得过去。

但原书中并没有提到学子们做流行病调查或者人体健康调查的

1　1斤=500克。

事情，只观察到科举失利，这就与矿山开采之间难以形成严谨的逻辑链条。即便在当时，知县仅凭朴素的逻辑也怀疑过这种归因，认为其并没有说清楚烧灰和科举不顺之间有多大的相关性，而且举出反例，即烧灰之举早已存在，前几届婺源学子在科场表现得很好，直到最近两届才连续失利，因此两者之间的因果关系似乎有点牵强。

当前气候变化领域的归因方法也是一种模型，这是判断人类活动排放的二氧化碳是否导致全球变暖的核心模型，也是全球应对气候变化的基石，因为很多人会举出反例来辩驳碳排放是气候变化主要原因这一论断。大家可能以为气候变化归因就是做一个大气中的二氧化碳浓度曲线，再做一个全球的温度升高曲线，然后进行相关分析就完事了，这种模型本质上还是"龙脉模型"。

我们现在的气候变化归因方法是IPCC建立的归因方法，被称作最优指纹法（optimal fingerprinting），这是一种将观测、气候模式和统计方法相结合的方法。

简单来说，在全球气候综合模型中，如果仅考虑自然因素是无法模拟出当前的观测结果的，而如果考虑人为活动温室气体排放的影响，则模拟结果与观测结果的一致性较好，那人为活动的贡献就可以通过两个模拟结果的差异求出来，从而识别和剥离人类活动与自然对气候变化的各自贡献。

这是当前认知水平下最为科学的方法，也许多少年后返回来再看，可能就像我们现在看明朝的"龙脉模型"一样，也是一种高版本的"龙脉模型"，因为人的科学认知能力会不断提升。

第三，"保龙方案"究竟能否解决问题？

当然是没有解决。大家猜一下，这个案子持续了多长时间？从明万历二十八年（1600年）一直持续到清光绪十七年（1891年），将近三百年，不仅跨朝代，还跨时代，你说它的影响得有多大？

究竟为什么会这样？因为"保龙方案"表面完美，其实没有解决矿石开采农户的生计问题。婺源县大量的农户数代都依赖石灰生产这条产业链，一旦产业链断绝，他们马上会面临生存问题。

婺源县烧灰产业的利润有多大？举个例子，光是婺源县清华镇一个镇的税卡每年就能从石灰贸易里收入上千两白银。根本的经济问题没有解决，"保龙方案"难以持续就不难理解了，所以其与采矿的斗争才会持续不断、此起彼伏，持续了近三百年。当然，后来婺源县的科举也挺顺利的，其实这也从侧面证明了这个"龙脉模型"还是有问题的。

历史上，水泥竟然是最低碳的建材

我们生活在一个水泥的世界中，早上睡醒第一眼看到的就是水泥天花板，上班走在水泥路上，到了公司进了水泥摩天楼，晚上回到水泥居民楼。水泥无处不在，我们目之所及大部分都是水泥。水泥是人类历史上最伟大的材料，也是存量最大的人造材料。

熟料、水泥和混凝土这三个概念常常在讨论水泥的时候穿插使用，是水泥产品链上的3个核心产品。熟料的主要化学成分是氧化钙（占比为61%～66%），它是石灰石在水泥窑中煅烧后的产物；水泥是熟料与矿物质的物理混合物，不同水泥的熟料占比为60%～80%；混凝土不是土，它是水泥与砂、石、水的混合物，凝结成块后可作为建筑材料。我们在建筑中真正使用的就是混凝土。大街上常看到的混凝土搅拌车，学名是砼（tóng）车（俗称田螺车），这个"砼"字就是专门为混凝土发明的，非常形象，由"石""人""工"三个字组成。工地里竖立的搅拌站叫"商砼"。

打个比方，熟料就好比蛋白质，水泥好比面粉，混凝土好比馒头，那么砼车或者商砼其实就是和面机。

现在，水泥是我们碳中和道路上最大的挑战。为什么呢？因为水泥的碳排放量实在太大了。全球每年大约生产43亿吨水泥，其二氧化碳排放约占全球二氧化碳排放总量的7%。

可是，在人类长达2000多年的建筑史中，水泥反倒是最低碳的建筑材料，这是为什么？

　　早在古罗马时期，人类就开始使用水泥，不过当时使用的是天然火山灰水泥。火山爆发产生的高温岩浆起到了现代水泥窑的作用，这种天然过程会有二氧化碳排放，但不计入我们现代意义上的排放清单，因为它并不是人为活动造成的，算是"零碳水泥"。

　　有两个与水泥有关的故事。第一个是罗马人的故事。公元前264年至公元前241年，罗马和迦太基之间爆发了第一次布匿战争。罗马人首次使用了混凝土技术，有效抵御了迦太基的攻击。罗马城墙成为古代世界上最强大的防御工事。从此，混凝土被广泛应用于罗马建筑。最著名的罗马角斗场（Colosseum）就是水泥的杰作之一。电影《角斗士》（*Gladiator*）向我们展示了角斗场的宏伟和壮观，这座建筑采用了大量的混凝土，可容纳5万人，经过2000多年的风霜雪雨和动乱战火，现在去罗马还能看到该遗址。可以说，水泥成就了罗马。

　　第二个故事来自大仲马的《基督山伯爵》。年轻的主人公唐戴斯被押送到恐怖的伊夫堡监狱，这座监狱位于马赛附近的一个小岛上，是用水泥和巨石建造而成的，当时就以其300年的悲惨历史和臭名昭著闻名于世。笔者第一次读到对于伊夫堡监狱的水泥、巨石的描述时，马上就体会到主人公深深的绝望和无助，那是一种求生不得、求死不能的绝望，感觉1000年都逃不出去。后世的越狱电影《肖申克的救赎》及美剧《越狱》中的情节都是在向它致敬。

　　从这两个故事可以看出，水泥是完美的建筑材料，极为结实牢固、千年不破。水泥还有个秘密，就是一旦成型秒变废物，也就是说水泥建筑一旦拆除，便毫无用处，到现在也是如此，水泥建筑垃圾很难处理。这个特性非常重要，因为它有效保护了水泥建筑在漫长的历史中不被人为拆除挪作他用。

为什么说水泥低碳呢？就源于上面所述的两个特性，尤其是与它的竞品——木材比较。

在古代，水泥并不产生碳排放，但木质建筑却非常容易产生碳排放，这是为什么呢？因为木质建筑最大的特点就是持久性差，很容易被人为破坏和焚毁，想想项羽一把大火烧了阿房宫，整整烧了3个月。所以，现在基本看不到存留2000年以上的木质建筑，而水泥建筑如罗马角斗场、万神殿就非常多。

木质建筑一旦燃烧起来就会产生大量的碳排放。有人可能会问，木质建筑不是生物质吗？怎么还有碳排放呢？对，木质建筑在砍伐和建造的过程中确实没有碳排放，可一旦燃烧起来就会造成人为活动碳排放。这个过程其实与放火毁林是一样的。

大家可能以为森林应该是碳汇，其实全球森林的净排放是正值。IPCC排放清单中的一个重要分类就是土地利用、土地利用变化和林业（land use，land-use change and forestry，LULUCF），主要就是计量与森林相关的碳排放的。2019年，全球LULUCF类别竟然有66亿吨净排放，主要原因就是由毁林和砍伐造成的碳排放超过了森林的碳吸收。

　　如果没有水泥，欧洲2000年的时间会砍伐多少森林？每座建筑又能存在多久？一把大火付之一炬后，又得砍伐和重建，这会导致欧洲增加多少碳排放？

　　一座水泥建筑能用千年，它替代或者节约了多少森林？减少了多少碳排放？从这个角度来看，你能说在古代水泥不是低碳建材吗？

降低水泥碳排放：提高10%难于提高10倍？

水泥在历史上曾经是低碳建材，现在却成了高碳建材，那该怎样降低其碳排放呢？让我们跟随水泥的"一生"，从开采、煅烧、调配、使用到废弃，看看水泥低碳转型的挑战和机遇在哪里？

开采：获取石灰石（碳酸钙）。在获取水泥原料石灰石的过程中，主要是开采设备导致了碳排放。这一过程需要把石灰石磨成粉末（10厘米以下），以便于水泥窑煅烧。该阶段的减碳潜力有限，也不是主要的碳排放环节。

煅烧：生产熟料（氧化钙）。这一阶段发生在水泥窑中，是最重要的环节，也是碳排放量最大的环节。水泥绝大部分的二氧化碳排放发生在水泥窑中，也就是煅烧石灰石产生熟料（3～25毫米的深灰色粉状物）的过程中。这一过程有两个环节会产生和排放二氧化碳：一是化石能源燃烧，主要是用煤，因为水泥窑需要高温（1450℃）；二是石灰石（碳酸钙）在高温下分解成氧化钙，同时产生和排放二氧化碳。

水泥窑中，每生产1吨熟料就会产生0.8吨二氧化碳。后期熟料粉磨等电力消耗和交通运输产生的碳排放相对于水泥窑的排放都较小。

能源燃烧减碳可以使用生物质能源替代煤炭。全球2021年生物质能源仅占水泥窑热能的4%左右，碳中和路径下2030年这一比例需要达到14%。此外，水泥窑通过加装二氧化碳捕集设备能实现60%以上的减排。那捕集的二氧化碳干什么用呢？可以在高度提纯后用于食品（可乐等饮料）行业，还可以用作工业原料，再不济还可以注入地质层实现长期封存。德国海德堡水泥集团（全球十大水泥企业之一）在2021年宣布，将在2030年之前建造第一座碳中和水泥厂，用于捕集二氧化碳并将其封存在海底。

调配：生产水泥。 熟料磨成粉再加入其他材料（也需要磨成粉末），如粉煤灰、矿渣等，就生产出了水泥。水泥中的熟料含量对于碳减排非常关键，因为水泥的碳足迹主要来自熟料。

这一环节碳减排的核心就是降低水泥中的熟料含量，当然前提是不能降低水泥质量，因为熟料含量会决定水泥的强度、硬度等。2015—2021年，全球水泥生产的直接二氧化碳排放强度（每吨水泥的碳排放）其实每年都在增加（每年约增加1.5%），主要原因就是水泥中的熟料含量在上升，2020年达到72%。水泥要想实现碳中和，其碳排放强度需要每年下降3%才行，水泥中的熟料含量需要每年下降1.0%。

那熟料含量多低才算低呢？理想情况下当然是0，这样水泥的碳足迹也会接近0，但这还叫水泥吗？如果把水泥中的熟料占比降低10%，水泥不就实现10%的碳减排了吗？但其难度非常大，几乎不可能。不同类型水泥的熟料占比都是在长期实验和应用中得到的最优结果，这么关键的参数即使动一个百分点，都有可能影响水泥的品质和特性，不仅会影响市场销售，而且可能会带来建筑安全隐患。

《出奇制胜：在快速变化的世界如何加速成功》（沙恩·斯诺，2016年）一书中提到了一个10倍思维理论，就是"把一件事情做到原来的10倍好比做到原来的10%好更容易"。这个理论被美国硅谷奉为圭臬，马斯克就是这个理论的信徒。

为什么这么说呢？因为你要改进10%，通常就需要用更多的资源、更多的努力来实现，其方法并没有本质上的变化。实际上，在当前的边界约束下你已经逼近最优了，所以每改进1%都非常难，或者说边际成本都很高。但是，如果目标是改善10倍，那已有的方法肯定不行，必须逼着自己去做根本上的创新，必须打破原有假设。

笔者小时候非常喜欢玩一款叫《超级玛丽》的游戏。它是1986年任天堂的首款游戏，开创了现代电子游戏的新时代（凭借4000万游戏拷贝的销量，这款游戏成为20世纪80年代流行文化的标志，获得"世界最畅销电子游戏"的殊荣），直到现在还有这款游戏。《出奇制胜：在快速变化的世界如何加速成功》就讲了一个超级玛丽的故事。

《超级玛丽》极难通关，反正笔者小时候从来就没有通过关，终极大BOSS究竟什么样都没有见过。其通关的世界纪录长期保持在33分24秒。后来有个叫内特的美国人竟然在6分28秒内通关了，他是怎么做到的呢？原来，游戏里面有跳关秘道（warp pipes），这本来是游戏创作者方便测试人员评估使用的（也有人怀疑秘道是被留下的"复活节彩蛋"，供粉丝们发掘）。内特不知道用什么方法竟然找到了跳关秘道，一路通关，就这么简单。

对于一个行业系统内的人，他考虑问题的边界已经被锁死，反倒是一些外行人觉得不行就换个赛道，可能更有启发。这就是为什么10倍思维理论备受推崇。其实大家想一想，现在的行业都不是内部革命，而是被其他行业碾压。大家熟知的《三体》一书中有这样一句话：毁灭你，与你无关。因为外来者根本就不知道行业规则，或者说根本就不遵守行业规则，他的所有行为很可能会超过原行业的预期。

混凝土竟能通过呼吸减碳？

　　混凝土是建筑行业所需要的，所以通常是在施工现场或附近制备的。将水泥与定量的水与砂石骨料混合到理想稠度就形成了混凝土，这里面骨料占绝大比例。

　　减少混凝土中水泥的比例，或者说本质上减少混凝土中熟料的比例，是减少其碳排放的重要途径，可以通过管理和技术两种手段实现。

　　就管理方面而言，一是可以修订建筑规范，减少水泥用量。根据混凝土强度随时间增加的能力将2～3个月后的强度作为规定，而不是现在常用的1个月，这样可以减少水泥用量。二是最大限度地减少建筑废物，最大限度地延长建筑寿命，就是我们常说的防止大拆大建。三是把拆除的混凝土用作城市道路和高速公路的基础材料，而不是将其送入垃圾填埋场。

　　就技术方面而言，其核心就是给混凝土添加各种科技猛料。例如添加生物炭或藻类等，增加混凝土的强度和寿命，优化凝固时间。还有一种微生物混凝土，就是把培育好的微生物加入混凝土，这些微生物可以在建筑成型后仍然生长，不仅可以加固建筑、修复裂缝，还能使建筑生态化。有个叫Biomason的公司，拿到了6500万美元的C轮融资，提出要像大自然一样种植水泥，他们的目标是到2030年把水泥行业的碳排放减少25%。

　　这里有个非常有意思的发现。我国的科学家发现混凝土在生成过程中会吸收空气中的二氧化碳，并将其封存在混凝土中，相当于在一定程度上实现了碳汇的功能。

很多科技公司都开始研究增强混凝土吸收二氧化碳的能力，甚至主动从工业尾气中吸收二氧化碳，再人工注入混凝土中。日本政府在2020年12月制定的"绿色增长战略"中提到了一项技术（CO_2–SUICOM），就是吸收和固定二氧化碳的混凝土技术。该技术已经可以实现混凝土的负碳足迹了。

现在人们在拆除混凝土后往往将其磨碎并平铺，使其尽可能长时间暴露于空气中，以吸收大气中的二氧化碳。混凝土吸收二氧化碳的潜力主要来自碳化作用。二氧化碳可以将混凝土中的钙化物转化为碳酸盐，从而将二氧化碳固定在混凝土中。据统计，全球混凝土吸收二氧化碳的潜力每年为3.5亿~4.5亿吨。

如果从碳足迹的视角来看，1吨水泥的碳足迹（包括石灰石开采、水泥窑煅烧、熟料粉磨、水泥运输等各个环节）为0.7~0.9吨二氧化碳（不同水泥中的熟料比例差异较大）。1吨混凝土的碳足迹为0.05~0.3吨二氧化碳。简单估算下来，我们每个人一生大概会用到650吨混凝土[1]，如果按照1吨混凝土的碳足迹为0.05吨二氧化碳计算，相当于我们一生中大概会因为使用混凝土而排放33吨二氧化碳。

未来，混凝土会变成什么样呢？混凝土是为消费者服务的终端

1　粗略估计，并不准确，主要考虑全国每年水泥和混凝土的消费量、中国人口数、人的平均寿命等。

产品，越是终端产品，就越容易多样化、复杂化，甚至个性化。因为消费需求千变万化，我们今天可能想吃拉面，明天就可能想吃馒头。未来，混凝土技术的创新空间非常大，黑科技也会层出不穷，前面提到的技术创新其实已经开始应用了，还有许多我们现在几乎不敢想的技术在等着我们。

例如将微藻纳入建筑立面，使其成为创造可再生能源、净化空气的一种新手段。微藻可以通过光合作用吸收二氧化碳并产生氧气。当微藻被整合入立面以后，建筑结构就会成为碳封存的载体。未来，建筑环境可能演变为一个充满活力的生态系统。

用不了多久，我们家里每间房子的立面就会成为我们的立体花园，混凝土不过是我们划定空间边界的一个载体或者工具而已。很明显在碳中和的道路上，混凝土这个空间构建工具必然会迎来新一轮的技术革命。

在人类的所有文明史上，但凡出现工具革命，一定会把人分成两种：第一种人靠这个工具继续一路狂奔，第二种人则留在原地，甚至没有搞明白自己是怎么被落下的。

未来还需要水泥吗?

水泥在生产、使用全过程中采用的碳减排技术不过是权宜之计，也就是说我们还要使用水泥，只不过需要改进技术、减少排放。可是，我们真的一定需要水泥吗？水泥在碳中和时代是不是应该退出历史舞台呢？

可以说，水泥开启甚至引领了工业革命。工业时代就是钢筋水泥的时代，没有水泥，就没有坚实、稳固的工厂厂房，也不会有安全、保暖的住宅，水泥是工业文明的底座。我们的城市其实就是一个水泥城市，水泥塑造和划定了我们的物理空间边界，也在一定程度上塑造了我们的生活模式、行为模式，甚至是思维模式。

但是，我们需要的真的是水泥吗？不是，我们本质上需要的是房子——能挡风遮雨的房子，或者进一步说，我们需要的是安全、稳定的空间边界，对不对？从这个意义上说，也许我们需要打破这个水泥世界了。

但建筑材料如果不用水泥，那用什么呢？有三个潜在的可以大范围应用的材料，分别是钢铁、木材和特种材料。

首先是钢铁，用于建造钢架装配式建筑。钢铁是可再生资源，可以随时拆下来重复使用，基本没有建筑废弃物，即使变成废钢，再进入转炉后也会以非常低碳的形式生产新的钢材（也就是我们大力提倡的短流程炼钢）。在这方面，水泥就相形见绌了。水泥的特点是一旦固定就千年不变，而且废料基本没用。发达国家的很多建筑都是钢架结构，就和搭积木一样，建造、拆卸非常方便。美国的第一大桥——金门大桥（著名的地标建筑打卡地），就是一座钢结构大桥，全长2.7千米。

其次是木材，用于建造木质建筑。这里的"木质"不仅包括林木、竹子等，还包括各种生物质（秸秆等）。传统中，木材就是建筑的绝佳自然材料，想想《长安十二时辰》的建筑场景，简直要重回大唐，人类对于木材有种原始本能的依赖。古代木质建筑最大的问题是防火，但现在已经不是问题了，现代木质经过加工可以具有很好的阻燃性和承重性。

瑞典的木质建筑水平非常厉害。Sara Kulturhus建筑高75米，是一栋集剧院、画廊、公共图书馆、会议中心、屋顶温泉和四星级酒店于一体的木结构综合体建筑。瑞典的木材丰富，一年可以采伐1%的森林，能够提供大量的木材。

到2050年，如果全球使用木材替代水泥作为建筑材料，每年可以实现7.8亿～17.3亿吨的二氧化碳减排，潜力巨大。购买木质建筑相当于购买碳汇，木质建筑是升值空间非常大的碳资产。

最后是特种材料。这些材料可能以前从来没有出现在建筑领域，如石墨烯，它是人类已知的最薄材料，拥有极为出色的耐用性能，强度是钢的200倍，还具有高导电性、吸光性和抗菌性。研究人员已经开始探索使用石墨烯增强复合材料，使其成为水泥的替代品。石墨烯的高导电性对智慧城市的开发也大有裨益。此外，还有微藻，这是一个庞大的生物类群，世界各国的建筑师们正在积极探索将微藻纳入建筑立面的可能性，美国芝加哥市的建筑藻类项目已经开始了。未来是3D打印建筑的时代，只要基础材料低碳甚至零碳，就可以建造你需要的任何建筑，如果住腻了，想换个风格，就可以把它磨碎，然后放回打印机里再做一次。

为什么说水泥时代要结束了呢？我们已经知道水泥有两个非常独特的优点——使用前的灵活性和使用后的永久性，看似一对矛盾体，但就是在其中完美地存在了。一种材料，居然可以把灵活和僵化融为一体，这种近乎魔法的特点使我们的世界必然演化到水泥世界。但我们现在即将进入一个求新求变的碳中和时代，水泥的这种魔法成为它挥之不去的劣势——前端难减排，后端难利用。

更进一步说，建筑的功能正在被信息技术一点一点替代。你不需要电影院了，带上VR就能身临其境地进入任何大片现场，你也不需要书店、书房了，因为有电子书。

我们可能需要考虑的是，如果我们的空间模式发生了根本性的变化，那会对我们的行为模式、生活模式，甚至思维模式产生什么影响呢？如果说不清楚，是不是应该回到现实，反思水泥是怎么影响我们的？

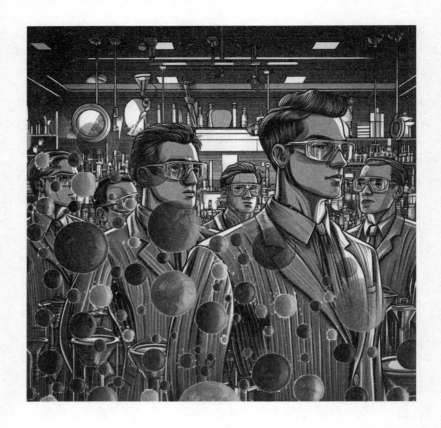

什么是量子点技术?

2023年10月4日下午，瑞典皇家科学院宣布，将2023年诺贝尔化学奖授予美国麻省理工学院教授蒙吉·G.巴文迪（Moungi G. Bawendi）、美国哥伦比亚大学教授路易斯·E.布鲁斯（Louis E. Brus）和俄罗斯固态物理学家阿列克谢·I.伊基莫夫（Alexey I. Ekimov），以表彰他们在量子点（quantum dots）方面的贡献。

究竟什么是量子点呢？

量子点并不是一个抽象的几何点，而是一种非常非常小的物质，小到什么程度呢？其大小为2～10纳米——到了纳米级（十亿分之一米）。打个比方，一个量子点和一个足球的比例与足球和地球的比例相当。所以，观察一个量子点相当于在卫星上看一个足球。

小到这个尺度就进入了量子世界。在量子世界里，原子都是可以数个数的，因为原子的大小基本在0.1～0.3纳米。量子世界与我们的宏观世界是完全不同的两个世界，连最基本的物理规律都不同。例如我们宏观世界的摩尔定律（集成电路上的晶体管数量每一年半会翻倍）到了纳米级的量子世界就会出现近乎失效的状态，更不用说量子世界的量子力学完全不同于宏观世界的牛顿力学。

任何物质都具有波粒二象性，也就是既有波动性也有粒子性。电子也是如此。在宏观层面，我们完全可以把电子看作一个没有大小的几何点，但在量子点这么小的尺度上就不行了。这时，电子的波动性会非常明显。

打个比方，一根两头固定的皮筋，不论你怎么弹它，从卫星上看就是一个无限小的点，但当你凑近看就会发现它波动得非常厉害。所以说，在量子点这个尺度上，电子已经开始像橡皮筋了，而且其振动的频率和能量成正比，也就是说振动得越快，能量越大。

电子在不同能级的跃迁会释放或者吸收能量，这个能量是以光子的形式释放出来的，而且是不连续的、一份一份的，类似于楼梯，而不像滑梯，这就是为什么我们称之为量子世界。不同的能量对应不同的频率。光波的频率不同，从宏观的角度看就是光的颜色不同，赤—橙—黄—绿—青—蓝—紫体现的就是光的频率逐渐变大。

由于量子尺寸效应，量子点的尺寸越小，电子释放或吸收光的频率就越高；量子点的尺寸越大，光的频率就越低。也就是说，我们可以通过调节量子点的大小让它发出不同颜色的光。不同颜色的光就意味着不同频率、不同能量。

这样你可能就意识到量子点技术和太阳能发电之间的关系了，因为太阳能电池工作的基本原理就是电子吸收光能而产生电流的过程。

诺贝尔化学委员会主席约翰·奥奎斯特（Johan Aqvist）的点评是，量子点具有许多引人入胜和不寻常的特性，重要的是，它们的颜色取决于它们的大小。从中你也可以看出，量子点并不仅是因为它小，还是因为它的大小可以直接影响光的颜色。

那是不是随便哪种物质都可以做成量子点呢？不是！适合做成量子点的物质绝大多数都是半导体，包括硅、硫化镉、钙钛矿等。如果是用单纯的硅做成量子点，就是一元量子点；如果是用由两种物质组成的化合物（如硫化镉）做成量子点，就是二元量子点；还可以是更复杂的三元量子点。

为什么半导体适合做成量子点，金属原子不行吗？

还真不行。因为只有半导体才具有非常特殊的能带结构。具体来说，半导体有明确的价带和导带，之间还有一个禁带，这也就是其被称为半导体的原因。在量子世界，半导体物质有明显的量子尺寸效应，而金属没有禁带，其价带和导带重叠。

打个比方，如果把人比作一个量子点，半导体人就相当于一个人的情绪有明显的高兴、平稳和抑郁状态，分别对应导带、禁带和价带，各种状态很清晰，而且是逐步过渡。但金属人就不同了，他仅有高兴和抑郁两种状态，而且自由切换，让你无从判断。

当人的情绪受空间大小影响时，我们可以通过控制空间的大小改变半导体人的情绪，但对金属人无效，因为他平时就是情绪多变的，自由地在高兴和抑郁之间切换，我们观察不到空间大小对金属人的影响。

我们每个人在大千世界、星辰地球中其实就相当于一个人肉量子点，但无论我们身处的格局大小，其实都在努力释放出自己那一束独特的光。

量子点明明是物理技术，为什么被授予化学奖？

量子点技术是物理学领域的技术，为什么会被授予诺贝尔化学奖呢？因为这项技术的重大挑战是如何制造量子点，而制造量子点的方法恰恰是化学方法。

早在20世纪30年代，物理学家就提出了量子点理论，认为如果改变纳米级物质的大小，电子的活动空间就会受到限制，引起量子尺寸效应。纳米级物质就像一个小盒子，盒子越小，电子受到能量激发时释放的光子的波长就越短，所以较小的量子点会发出频率更高的光，在可见光领域就是蓝光，较大的量子点会发出波长更长的红光。但在当时，物理学家认为不可能制造出精确到纳米级别的物质，更不可能对其大小、形状进行极端控制，这需要再等100年。

20世纪80年代，美国科学家布鲁斯和俄罗斯（当时还是苏联）科学家伊基莫夫分别独立合成了量子点，相当于实现了"从0到1"，但真正释放出量子点技术商业潜力的是美国科学家巴文迪（Moungi G. Bawendi），因为他找到了创建稳定和均匀的高质量量子点的方法。巴文迪是布鲁斯的学生，这次他们师徒共同获奖，这在诺贝尔奖历史上并不多见，是一个美谈。

1993年，巴文迪教授发明了一种可以制造尺寸精准且均一的纳米微粒（2～10纳米级）的化学方法。这就厉害了！因为这样就可以仅通过改变微粒大小，而不是其分子结构，产生特定颜色的光。

这是一种什么技术呢？该技术的核心是将量子点的化学成分注入热溶剂，立即形成晶种，然后通过快速冷却和稀释溶剂来淬灭晶种的生长。

巴文迪制作量子点时使用的是一种冰火两重天的技术，相当于做彩色珍珠（珍珠的颜色取决于它们的大小）：将原材料放入高温油中，通过精确控制温度和时间让珍珠慢慢长大，然后立即将它们从热油中取出，再放入冷水中，即快速冷却，其作用就是"定格"珍珠的大小；待珍珠冷却后，再将它们放入稀释溶剂中，其作用是将珠子分散开，防止它们粘在一起。

这个过程的精准参数控制非常重要，它对精准控制珍珠大小和保持同一大小珍珠的完全一致有着至关重要的作用。最终我们可以得到一系列大小不同、颜色各异、质量上乘的珍珠，这样就可以使用这些彩色珍珠制作各种美丽的首饰或艺术品，如项链、珍珠衫等。

现实中，这些珍珠就是量子点，它们在显示技术、生物成像和太阳能电池等领域有着极为重要的应用。更重要的是，巴文迪的精准技术方法具有高度可重复性，使量子点的生产变得可控和规模化，从而极大地推动了量子点的商业化进程。

巴文迪这个人治学严谨，就像他制作量子点技术一样，在一大早接到诺贝尔化学奖电话通知的时候，首先想到的竟然是今天早上9点还要上课。

LED大家知道，就是发光二极管。QLED技术就是量子点发光二极管，这个Q就是量子点。一般显示器需要有红、蓝、绿三原色，并以此组合成各种颜色。QLED只用一个蓝光作为背光源。为什么使用蓝光？因为蓝光频率高、能量大。蓝光通过一层由包含各种尺寸的量子点组成的膜时，会被按需转换成各种颜色的光，这比传统液晶显示屏有更宽的色域和更高的色彩准确性，从而使显示屏能够显示更丰富、更生动的颜色。QLED显示器具有高亮度、高色域、高对比度、可柔性等优点，被认为是最具潜力的下一代显示技术。

QLED其实与太阳能电池板异曲同工，一个是发射，另一个是吸收。

任何一项伟大的技术都会被发明两次：第一次实现从0到1，证明技术可行；第二次则是从1到100，使其通过商业化嵌入社会系统中，从而被真正地应用。我们现在知道的伟大技术都通过了第二次发明：它之所以伟大，是因为到达了我们身边，使我们享受到它的巨大红利。而还有大量的技术仅实现了0到1。要是没有技术的二次发明，我们可能根本不知道存在这么一项技术，更不会觉得它有多么伟大。

量子点技术革命性地影响了太阳能电池

量子点技术为什么会对太阳能电池产生革命性的影响？

太阳能电池的本质就是把光变成电。当光照射到太阳能电池板上时，电子吸收能量，部分电子就会游离出来被电极捕获形成电流。这里的关键就是吸收更多的光，把吸收到的光转换为更多的电。

太阳能电池最核心的指标是光电转换效率，也叫电池转换效率，它是太阳能电池产生的电能功率与照射在太阳能电池上的太阳光功率的比值。

太阳能电池最终拼的就是这个光电转换效率和成本。如何提高这个效率，一直有两条路线之争，核心是用什么材料做太阳能电池。

一条路线是用硅。现在经常看到的太阳能电池板上带有金属光泽的蓝黑色固体就是硅基电池。这种路线效率高，但成本也高。

另一条路线是用薄膜，以玻璃、塑料、陶瓷等不同材料当基板，在上面涂上一层吸收太阳能的薄膜。这层薄膜主要是砷化镓、碲化镉等稀有金属。这种路线效率低，但成本也低。

经过长达20年的技术进步和市场竞争，现在，硅基电池成为全球太阳能电池的主流。硅基电池又分为单晶硅和多晶硅，二者的区别就在于晶格排列上。微观上看，单晶硅的每个硅原子按完全一致的模式整齐排列，其转换效率最高可达26%；多晶硅只在局部呈现整齐排列，规模一旦变大，排列就会断裂，然后在断裂处以另外一种形式整齐排列，其转换效率约为22%。薄膜太阳能电池的转换效率比较低，通常在10%以下。

按照市场占有率来看，单晶硅占比65%，多晶硅占比20%，薄膜太阳能占比15%，还有一种叫钙钛矿太阳能，占比不到1%。

需要说明的是，钙钛矿太阳能虽然现在的市场规模最小，还不到硅基电池的零头，几乎可以被忽略掉，但它却是太阳能领域的黑马。

硅基电池在产业上已经成熟。过去的20多年中，硅基电池的光电转换效率已经翻了一倍还多，从2000年的约12%增至2022年的25.47%。太阳能发电产业有个特点是占地大，所以常常可以看到那种一望无尽的太阳能电池板。这种效率的提高不仅会提高发电量、节约材料，还会带来大量的土地节约，产生连锁式的经济效益。光电转换效率每提升1个百分点，对应每度[1]电的成本就会下降5%~7%。现在，太阳能发电基本可以与火力发电相竞争了。

但硅基太阳能电池却面临一个关键的发展"瓶颈"，那就是其光电转换效率已经接近极限（29.4%）。

现在效率最高的单晶硅已经达到26.81%，是中国企业隆基创造的，这可是一项世界纪录，而且是60多年太阳能发电史上首次由中国企业创造的世界纪录。现在，哪怕光电转换效率只提高0.01个百分点都是一件大事。

1　1度=1千瓦时。

为什么会出现光电转换效率的极限值呢？这是1961年科学家根据平衡原理计算得出的。其本质是受到硅原子的能带间隙限制，可以理解为硅原子接受和释放光子的能力，这个值是1.1电子伏特（电子伏特是能量单位）。

这是量子世界的基本法则，能量只能是一份一份的。只有能量大于等于1.1电子伏特的光子才能被硅原子吸收并产生电能，低于这个能量的光子无法被吸收，高于这个能量的光子多产生的能量就会转化成热能，被浪费了。这就限制了硅基太阳能电池的效率。换句话说，硅基太阳能电池只能吸收特定颜色或者频率的光。最理想的是红光，其光子能量接近1.1电子伏特，其他大部分颜色的光能都被浪费了。

现在硅基太阳能电池的效率已经非常接近29.4%，其增长空间还不到3个百分点，而且越接近极限值，提升难度就越大，成本也就越高。就算真的实现了极限值，也不到30%。29.4%成了硅基太阳能电池的宿命。

但太阳能发电产业需要快速发展，所以太阳能发电的转型就成为众望所归，而转型期往往就是黑马出现的时期。

量子点技术成为太阳能电池转型的"金手指"。为什么这么说呢？因为量子点技术恰恰可以解决这个极限值的问题。硅基太阳能电池之所以有光电转换效率的极限值，就是因为硅原子的结构是固定的，所以其能带间隙也是固定的。而量子点技术的特点恰恰就是改变量子点的尺寸结构，从而产生不同能带间隙的量子点，那效率翻倍岂不是指日可待？

量子点的尺寸不同，对应的能带间隙就不同，这就意味着如果一个太阳能电池上有各种尺寸的量子点，那它就可以吸收不同颜色的光，而硅基太阳能电池无法调节光谱范围，所以量子点具有比硅基太阳能电池更宽的光谱吸收范围，可以吸收更多的太阳光。

谁能从量子点技术中受益呢？硅基太阳能电池显然不行，因为它自身就是一种独特的量子点。量子点技术的特点恰恰就是制造各种不同尺寸的量子点。这时候，钙钛矿太阳能就开始亮相了。

量子点技术简直就是太阳能领域为钙钛矿量身打造的神器！

在量子点技术的加持下，钙钛矿能否成为太阳能
领域的新秀？

有了量子点技术的加持，钙钛矿将成为太阳能领域的新秀，从而改变全球太阳能发电，影响全球碳中和。

究竟什么是钙钛矿？钙钛矿是自然界中的一种矿石（$CaTiO_3$），它之所以被用于太阳能领域，是因为其具有特殊的分子结构，即 ABX_3。其中，A 和 B 是两种不同的阳离子，分别是钙和钛；X 是一种阴离子，即氧。

ABX_3 是一种非常特殊的三维立方结构，有助于电荷的分离和传输，电子可以在这种结构中自由快速地移动，这是产生电流的关键。硅基太阳能电池的结构比钙钛矿简单得多，是一个比较平坦的二维结构。你可以体会一下电子在这两种材料中移动的自由度差异有多大。

其实，现在的钙钛矿太阳能已经不怎么使用钙钛矿这种矿石了，但之所以仍然这样称呼，是因为我们把在太阳能领域应用的具有 ABX_3 这种特殊三维立方结构的材料统称为钙钛矿太阳能。这有点像我们使用的铅笔，其实里面早就没有铅这种元素了，主要是碳，但我们还是称为铅笔。

所以钙钛矿太阳能材料其实是一类材料，现在最常用的是有机物和无机物的组合，其中 A 是一个有机阳离子［如甲基铵（$CH_3NH_3^+$）］，B 是一个金属阳离子（如 Pb^{2+}），X 是一个卤素离子（如 I^-）。甲胺铅碘钙钛矿就是一种比较常见的钙钛矿太阳能电池原材料。

硅基太阳能的效率极限值限制了它的发展，其原因是硅原子的能带间隙是固定的，而钙钛矿这类材料的能带间隙是很容易被调整的。怎么调整呢？就是通过改变A、B、X的选择精准调整钙钛矿的能带间隙，从而优化对不同波长的光的吸收。

有了量子点技术，就可以非常灵活地产生无数种钙钛矿材料。硅基太阳能只是一种，而钙钛矿可是成千上万种，而且还是三维结构，这不就是降维打击吗？

钙钛矿首次被用作太阳能发电是在2009年，当时的光电转换效率仅有3.8%。但此后，尤其是近年来（2014—2024年），科学界对钙钛矿充满了高度热情，顶级期刊*Nature*平均每年约有10篇文章是研究钙钛矿太阳能的。

2009—2020年，仅用了11年的时间钙钛矿电池的效率就从3.8%提升到25.8%。你可能觉得这也没啥，但做个对比就知道其厉害之处了：硅基太阳能从1960年起用了整整60多年的时间才将其效率提高到26%左右。

除此之外，钙钛矿这种材料还有低能耗、低成本的优势。

钙钛矿电池可以很薄，用很少的原料。一块用钙钛矿生产的35千克的电池如果换成晶硅，要实现同样的装机量就需要7吨，这是钙钛矿的200倍。

硅基太阳能需要提纯硅，因此对硅的纯度要求很高。这个环节与芯片行业高度类似，差别仅在于对硅纯度的要求上。硅基太阳能行业对硅纯度的要求是99.9999%，这里面有6个9；芯片行业对硅纯度的要求是99.999999999%，这里面有11个9。提纯就需要极高的温度，因此能耗很大。硅基太阳能电池的生产过程也很复杂，要经历很多步骤。而钙钛矿对纯度的要求就没有那么高了，因此耗能较低，生产流程也相对简单。

这次获得诺贝尔奖的量子点技术的特点就是商业化和规模化。量子点可以通过溶液法合成，这使其生产成本相对较低。有了量子点技术的加持，钙钛矿就像稠一点的太阳能油漆，吸光性强，只需要几百纳米的厚度就能吸收大部分太阳光，这个厚度差不多只有头发丝的1/100，而吸收同样的光能，硅基太阳能的厚度是其100倍。所以，只需要一个基板，再往上刷油漆就行，而且可以层层刷油漆。就像家庭装修，墙面刷漆要刷好几层，钙钛矿也一样，每层都是不同的量子点。

钙钛矿效率高、成本低，再有量子点技术的加持，那岂不是碾压硅基太阳能了？的确，钙钛矿太阳能已经成为业内公认的最具潜力的新一代太阳能，但这并不意味着硅基太阳能就退出了市场，它只是换了一个角色。

因为钙钛矿这种太阳能油漆需要刷在一个基板上，这个基板可以是玻璃、不锈钢等材料，那直接把钙钛矿刷在硅基太阳能电池板上不是更好吗？

这种方案还真行，这就是叠层串联太阳能电池，其最大的好处是太阳光被钙钛矿太阳能电池吸收后，剩下的光再被硅基太阳能电池板吸收，这么一叠加效率当然又要提高了。

2022年年底，德国柏林亥姆霍兹中心（HZB）的科学家生产出了钙钛矿/硅叠层太阳能电池，其光电转换效率已经达到32.5%，创下了新的世界纪录。这已经超过硅基太阳能电池的理论极限（29.4%）了，比现在最先进的硅基太阳能电池的世界纪录（26.81%）提高了5.69个百分点。而2023年10月，中国企业隆基又创造了新的纪录——33.9%。

这种神操作相当于钙钛矿整合了硅基太阳能，吸纳了其所有优点，站在了巨人的肩上。量子点技术使钙钛矿可以刷很多层油漆、各种颜色的油漆，每层油漆吸收不同颜色的光。钙钛矿电池自己多层叠加后再与硅基太阳能电池叠加，其理论效率可以超过45%。

当前，全球最先进的燃煤发电机组——超超临界发电机组的发电效率也才勉强达到这个值，绝大部分机组的发电效率都在百分之三十几。但这可是直接燃烧煤炭发电。煤炭是一种有价格的不可再生资源，燃烧前还要经过开采、洗煤、运输和粉碎等多重环节。钙钛矿使用的是太阳光，资源免费、供应无穷，可直接使用，零中介环节，而且彻底解决了煤炭燃烧的碳排放和污染问题。

钙钛矿打破"科技三定律"

量子点技术获得2023年诺贝尔奖必然会深刻影响钙钛矿太阳能的发展，改变全球太阳能发电就是大势所趋了。未来，我们在太阳能发电这条碳中和技术赛道上能走多远？

钙钛矿除了有明显的能耗低、成本低的优势，还有一个特殊优势，就是柔软灵活。

钙钛矿像油漆，掰弯折断都没事，相较之下，硅基太阳能电池就差很多，甚至可以说非常脆弱。讲个故事让你体会一下，《驯服太阳》一书的作者瓦伦·西瓦拉姆（Varun Sivaram）是全球著名的太阳能领域专家，也是《时代》杂志评出的"未来100年全球最具影响力100人"之一。他讲述了一个关于自己的真实故事：他曾经在一条生产线上工作，有一次打开包装拿出晶圆，晶圆突然变成了无数碎片，为什么会这样呢？因为他打了个喷嚏。

2023年的诺贝尔化学奖颁给量子点技术，无疑给钙钛矿注入了一针兴奋剂，相当于向全世界宣布钙钛矿量子点技术取得了重大突破。原本就是众望所归的钙钛矿想不火都难，预计到2030年钙钛矿太阳能电池的市场占有率会超过20%。

就成本而言，现在全球单晶硅太阳能的平均成本是1.5～2.0元/瓦特，预计到2030年，钙钛矿太阳能的平均成本会降到0.3～1.0元/瓦特，到时候每度电的成本将低于1角。

重要的是，未来可能会出现全新的钙钛矿太阳能，如量子点有机混合电池。它用有机聚合物作为基板，支撑量子点结构并提供良好的电荷传输，以超导界面层高效传输电荷并减少能量损失。这样不仅发电效率高，而且柔韧性好，可用于各种弯曲表面，非常适合光伏建筑一体化（BIPV），可以安装在建筑的各种立面上。

那时，钙钛矿太阳能柔软灵活的特性就逐渐释放出巨大的优势。如液体、油漆般的灵活性使它拥有无穷多的应用场景，这是硅基太阳能电池无法企及的。

可以想象，以后这种太阳能油漆可以刷在任何有阳光的地方。它可以刷在手机上，每天只要在户外玩会儿手机，充电问题就解决了；还可以刷在汽车上，就不用担心电动汽车上高速没电了；甚至可以刷在衣服上，以及任何需要电、有阳光照射的地方。

科幻作家道格拉斯·亚当斯提出了"科技三定律"。

定律1：任何在我出生时已有的技术都是世界本来秩序的一部分。

定律2：任何在我15～35岁诞生的技术都是改变世界的革命性产物。

定律3：任何在我35岁之后诞生的技术都违反自然规律，要遭天谴。

这个"科技三定律"的意思就是技术对于我，之前是平淡，之后是扯淡，中间才是彩蛋。当然这有一定的调侃成分。但仔细想想，它确实有深刻的社会共识。是什么呢？就是技术的应用场景。

出生之前的技术，其应用场景已经固化了，常用而不自知，技术已经提前固化到自己的生活中了；15～35岁时出现的技术，刚好满足自己的好奇心和探索欲，自己本身就是"行走的荷尔蒙"，乐此不疲地探索和尝试各种技术的应用场景，所以会觉得这时的技术特别革命，到哪儿都能用上，到哪儿都能革新，到哪儿都能颠覆；35岁之后，激情逐渐消失，应用场景变少了，那么当接触到一种新技术时就会觉得匪夷所思、毫无用处，之所以理解不了它，是因为应用不了它，没有了应用场景。

但这个定律会被钙钛矿量子点技术打破，为什么呢？

因为电对于所有人都有无穷无尽的应用场景，不论男女老幼。电对人类来说，其实就是一个外挂能量包，我们所有的外在能量来源都可以转化为对电的需求。我们的用电场景绝对是花式的，极其繁多，无穷无尽。很多80多岁老人的用电场景甚至比年轻人还多。

钙钛矿量子点的柔软灵活性带来了应用的极大灵活性。用电的场景太多了，用电的姿势太复杂了，"科技三定律"怎么会不被打破？

全球碳中和是说全球到2050—2060年要实现二氧化碳的净零排放，到时太阳能发电将占全球总发电量的35%以上，实现二氧化碳减排贡献的20%左右。所以，太阳能发电的革命性变化会极大地影响全球碳中和的技术路径。

碳中和的本质是一场能源转型，就是从化石能源转化为可再生能源或者说零碳能源。

在全球确立碳中和目标之前，能源行业是以煤、油、气等化石能源为主的资源行业，高度依赖各国本土的资源禀赋。由于碳中和目标的提出，能源行业转变成制造行业，因为各国不再拼自己有多少煤、油、气的存储量了，也就是不拼资源禀赋了，而是改拼自己生产新能源发电机的技术和制造能力了。太阳能是一种取之不尽、用之不竭的资源，但人类现在的利用效率还很低。

钙钛矿的出现，因其高度灵活的应用场景，把太阳能又从一个制造行业变成了一个服务行业。未来，我们不是想方设法去建设太阳能电池板，而是想方设法让用户花式用电，想方设法让大家得到更好的用电体验，那它不是服务行业是什么？

究竟是什么能源推动地球流浪？

《流浪地球》电影非常精彩，视觉效果震撼。但是与刘慈欣的原著小说相比，其故事性、思想性要逊色得多。《流浪地球》其实是部短篇小说，才2万多字，但是很多情节、桥段、暗示等都让人感到来自灵魂深处的恐惧，甚至觉得这就是一个夸张版的气候变化故事。

复盘一下小说的基本内容。我们知道太阳是靠核聚变维系的，就是通过氢元素聚变为氦元素释放大量能量。有一天，人类发现太阳的核聚变速度突然加快了，按此速度太阳最终会发生爆炸，也就是小说里讲的氦闪。这个爆炸不仅会毁灭地球，还会把太阳系里所有的行星都毁灭掉。也就是说，人类没法在太阳系待了，唯一的活路就是向外太空移民，而且这种移民不仅拖家带口，还得带着地球一块走，这就是"流浪地球"。

实现"流浪地球"需要分五步。

第一步：通过1.2万台地球发动机让地球停止转动，相当于让地球刹车，大约需要40年，这被称为"刹车时代"。

第二步：地球发动机推动地球飞出太阳系，大约需要500年，这被称为"逃逸时代"。

第三步：地球飞向比邻星，大约需要1300年，这被称为"加速流浪时代"。

第四步：地球减速，恢复自转，大约需要500年，这被称为"减速流浪时代"。

第五步：地球进入比邻星轨道，成为它的一颗新行星，而比邻星也就成为地球的"新太阳"，大约需要100年，这被称为"新太阳时代"。

这五步总共需要约2500年的时间，这得有多大的恒心啊！相当于孔子在临终前制订了一项搬迁计划，直到我们现在才完成。

这里就有一个问题，地球发动机要运行2000多年，而且离开了太阳，那能量从哪儿来呢？

其实这个能量来源和太阳爆炸的能量来源一样，都是核聚变！而且地球发动机的能量来源还是重元素聚变。因为只有重元素聚变才能释放出巨大的能量，而且燃料丰富，在小说中这个燃料就是石头。这种技术我们现在是不具备的，当前人类仅能实现最轻元素的核聚变，就是氢核聚变，制成的武器就是氢弹。

所以从能源角度来看，"流浪地球"的起因是核聚变，流浪过程靠的是核聚变，到了终点，最终还得依靠比邻星核聚变的能量。可见，核聚变有多么重要！

那核聚变又与碳中和有什么关系呢？其实，碳中和本质上是一场能源革命，帮助人类摆脱对化石能源的依赖、走上清洁和低排放能源的道路，也就是说人类的能源利用形式将发生根本性改变。上一次能源革命还是200年前的工业革命。

核聚变产生的能量，或者说核能才是人类的终极能源。从逻辑上看，人类所有的能源都直接或间接来自核能，因为太阳的所有能量都来自核聚变，地球作为太阳的一颗行星，其煤、油、气都来自生物，而生物的能源当然都来自太阳能。

从宇宙视角来看，对能源利用的水平代表了一个文明的发展水平。文明的核心是调动能源的方式和体量。苏联天文学家卡尔达舍夫在1964年提出了一个星球文明三等级划分方法：Ⅰ型文明，能够开发利用自己行星的所有资源和能量；Ⅱ型文明，能够开发利用整个恒星系统的能源；Ⅲ型文明，能够开发利用银河的能源。这个三等级划分方法现在越看越觉得有道理。

人类目前还达不到Ⅰ型文明，离Ⅱ型文明更加遥远，怎么办呢？美国物理学家戴森提出了一个"戴森球"的大开脑洞的方法，就是搞一个人工球，把太阳包起来，这样就能充分利用太阳这颗恒星的能源了。

现在人类利用了多少太阳产生的能量呢？地球接收到的太阳能量仅是太阳总辐射能量的22亿分之一，这还仅是接收，还有相当一部分反射回太空了，留下来能充分利用的则更少。

核能才是能源的终极大BOSS，但是它在碳中和的各类规划和路线中的作用并不凸显，还是处于低水平，这是为什么呢？

因为我们对核能的利用水平非常有限，其中突出的体现就是核聚变，尤其是商业应用的核聚变。有人认为，核聚变商业化就是大忽悠。但是就在2022年12月，美国加利福尼亚州劳伦斯利弗莫尔国家实验室宣称实现了核聚变反应净能量增益，这可是核聚变商业化道路上革命性的一步，如果这一步走稳了，那些嘲笑核聚变的人就再也笑不出来了，而核聚变这个碳中和道路上的"黑天鹅"也要展翅起飞了。如果核聚变真能实现商业化，那颠覆当前的碳中和路线一点都不为过：宗师级的人物一出手，当然就不是比划拳脚，而是摧枯拉朽了。

核聚变这么厉害，为什么到现在还是无法利用？

核聚变是人类的终极能源，它已经触及粒子层面了，涉及人类最底层的技术。你看小说《三体》中的智子，它封锁了人类的科技发展，不干别的，就是在粒子层面干扰人类的科学实验，这样就锁死了人类文明的进步。

核聚变这么厉害，为什么到现在我们还是无法利用或者实现产业化呢？一种影响人类社会、经济、生活的新产业或者新能源需要经历三个阶段，那就是科学、技术和商业化。

人类最早从科学层面发现和理解核聚变是1905年爱因斯坦提出的质能方程，它告诉我们质量和能量是可以相互转化的，这也是迄今为止所有核能的基础理论。根据质能方程，从理论上讲100斤白菜就能供应我国一年的热水和蒸汽所需的能量。

核聚变就是把两个原子凑到一起，让它们变成大一点的原子，大原子的质量会比两个小原子质量的和小，在这个聚合过程中减少的质量就转化为能量了，从而实现了核聚变。

核裂变的过程则刚好相反，是一个大原子分裂为两个或多个小原子，在这个分裂过程中少出来的质量就转化为能量。

当时这在科学理论上说得通，但技术实现太难了，因为核聚变所需的温度太高。在人类制造出原子弹之前，根本无法达到核聚变所必需的高温。而原子弹的原理是核裂变，实现起来比核聚变容易。

所以等原子弹研制出来以后，人类就可以利用原子弹爆炸形成的高温实现核聚变了。1952年，第一颗氢弹试爆成功，其原理就是核聚变。

如今，核聚变产生能源科学合理、技术可行，相当于核聚变能源已经实现了科学和技术两个阶段，下一个阶段就是商业化了。其实在原子弹成功后不到10年，人类就利用核裂变建立了核电站，相当于核裂变实现了商业化。但为什么人类到现在都无法实现核聚变商业化呢？

科学代表认知水平，技术代表工程极限，而商业化则代表民间共识。只有实现了商业化，才能真正推动社会和经济的发展，否则再高明的技术也都是摆设。你也许要问，核裂变已经实现了商业化，核聚变能否商业化还重要吗？

非常重要，因为核聚变的优势实在太明显了。首先，同等质量下，核聚变产生的能量比核裂变高出上百倍；其次，核聚变所需要的材料是氢元素的同位素——氘和氚，其大量存在，基本上可以说取之不尽、用之不竭，而用于核裂变的放射性元素（如钍、铀等）在地球上的储量非常有限，现在还是战略资源；最后，核裂变有环境隐患，你看看切尔诺贝利核电站和福岛核电站事故就知道了，但核聚变过程中几乎不产生辐射，没有放射性核废料，非常安全。

那究竟是什么阻碍了核聚变商业化呢？最关键的是核聚变反应要求的温度太高。要实现氢核聚变，需要几千万甚至上亿摄氏度的高温，没有什么东西可以"放"这么高温度的物质，从而导致核聚

变不可控，所以受控核聚变才是关键。

在这种高温下，肉眼可见的任何东西都会瞬间灰飞烟灭。氢原子是最容易聚变的，越重的原子聚变需要的温度就越高。实现重元素聚变要求的温度可能是几十亿或者上百亿摄氏度，那简直超越太阳了！

解决这个问题的途径有两个：一是通过建立磁场形成一个虚拟容器，这就是托卡马克装置，但维持这么强大的磁场要消耗巨大的能量，目前核聚变产生的能量还达不到，所以从能量的角度讲得不偿失；二是用极强的激光照射非常小的固态氢原子，让它们发生聚变，然后利用反应的惯性瞬间抽取能量，也叫惯性约束聚变。

美国劳伦斯实验室就是采用了第二种方法。这次他们向目标输入了2.05兆焦耳的能量，产生了3.15兆焦耳的聚变能量，首次实现了输出能量大于输入能量，实现了超过54%的净能量收益。这标志着人类在实现可控核聚变这一终极能源的道路上迈出了至关重要的一步。

当然，网络上有人批评这种算法，认为其有问题，没有考虑产生激光的另外300兆焦耳的能量，所以净能量收益还差得远呢！

这种说法不能说没有道理，但是惯例上都采用54%净能量收益的算法。打个比方，我们讨论电厂发电效率的时候都是算电的热值和煤炭热值比例，不会考虑煤炭开采、运输（有可能是国际海运）、洗选等环节所投入的能量，否则发电效率可能连1%都不到。

　　的确，54%的净能量收益离商业化还很远。如果考虑后端收集能源的效率、热能再转化为电能等，必须到1000%以上才行。但它的革命性在于至少证明核聚变可以在技术上实现。至于改进，我们要相信科学技术指数级迭代的力量。

核聚变的突破戳中了我们的哪根神经？

核聚变的技术突破给我们带来了启示。核聚变是所有碳中和技术中最神奇的一种技术，它虚无缥缈，是神一样的存在。要不怎么说是"上帝能源"呢？所以在科幻小说里最常出现的就是核聚变，比如钢铁侠胸口的小型反应堆。在宇宙这个尺度上，真正的能源就是核聚变。

根据卡尔达舍夫的星球文明三等级划分方法，我们现在还是零点几型文明。要达到Ⅰ型文明或者追求Ⅱ型文明，基于当前的认知，我们所能依赖的可能就是核聚变了。人类要想成为超人，或者跨越文明等级，或者到宇宙中航行，唯一能依赖的能源就是核聚变。

这次核聚变的技术突破到底给了我们什么样的启示呢？以前我们一直觉得核聚变遥不可及，现在却已经没那么久远了，甚至可能会发生在我们的有生之年。

这种现象与气候变化非常像。有个成语叫作"杞人忧天"，嘲讽那些只关心毫不相干、荒诞不经事情的人。可是我们现在不就是在"忧天"吗？不但"忧天"，而且已经开始行动了，这就是全球碳中和。

气候变化领域有一类非常特殊的事件，被称为临界点事件，这类事件的发生概率极低、风险极高。通俗来讲，由于这类事件概率太低，人们似乎感觉不到它的存在，但它一旦发生了就是毁灭性后果。

有部电影叫《后天》，讲的就是气候变化灾难性事件：因海水盐分超过临界点，海洋的温盐环流停止了流动，从而发生了灾难性事件，直接把纽约打回史前冰河期。这里的临界点并非我们日常熟悉的海平面上升、降水量暴增、极端天气等，而是一个大家根本没有注意到的问题。

其关键点就是我们根本不知道临界点在哪儿？所以这类事件往往被我们称作"灰犀牛"事件。也就是说，我们明明知道有只灰犀牛在那杵着，那样一只庞然大物非常恐怖，但是看它一动不动，又好像挺安全的，即使摸摸碰碰似乎都没事儿，好像它就是一个石雕，但一旦把它激怒了——你甚至都不知道是怎么激怒它的，可能就是挠了个痒痒——它冲撞起来绝对是毁灭性的，没有人能够阻止。

核聚变是不是也非常像这个气候变化临界点事件。你看它好像一直实现不了，遥不可及，否则也不能叫"上帝能源"吧，但是它一旦突破了临界点，就是摧枯拉朽，人类文明的等级可能就会发生改变。

那么我们对于这类技术应该保持一种什么样的态度呢？或者说它对我们的启发是什么呢？那就是我们现在技术迭代的速度实在是太快了，导致很多事情变化的速度非常快。以前可能需要100代人才能出现的事情，现在在我们有生之年就可能出现了。

就说碳排放，从人类文明开始，大概在长达1万年的时间内人类活动的碳排放都没有超过1000万吨（1000万吨基本上就是一个大一点的电厂一年的排放水平）。也就是说，历史上全球1万年的总碳排放基本上相当于现在一个电厂的排放水平。但是从工业革命（1750年）开始，不到200年时间我们的排放量变成了50亿吨，之后又用了50年的时间变成了400亿吨。如果把这些数据做成一条曲线的话，1750年以后会变得非常陡峭。若将其放到人类历史的长河中看，就会觉得它真的挺像一个临界点。

技术迭代得这么快，尤其是人工智能出现后迭代的速度越发加快，因为人工智能基本上不吃饭、不睡觉，一直在学习。在这种情况下，对于小概率事件（如核聚变）一定要给予充分重视，琢磨琢磨它与我们有什么关系，对我们有什么影响？很多情况下，即使我们没有做错任何事情，一个黑科技的出现也可能把我们扫地出门。这样的例子实在是太多了，比如柯达胶卷和诺基亚手机。

核聚变技术的突破触动了我们长久以来一直沉睡的某根神经，这是一根对外部事物敏感、好奇的神经。曾经的杞人忧天，其实是我们的祖先基因里保留着的敬畏和恐惧。现在技术强大了，我们恰恰要激活这根神经，让它复苏，没准它就是我们生存繁衍下去的一个底层存活算法，或者说是一条警戒线。

由魔入佛、由佛入魔的核裂变反转历程

　　人类最早利用核裂变，并不是把它当作能源，而是当作武器，而且是超级大杀器，那就是原子弹。1939年"二战"前期，美国为了防止德国制造出原子弹，就集中全国顶级科学家先搞出了原子弹，史称"曼哈顿计划"。这个逻辑现在来看挺奇葩的，但是放在"二战"的背景下就显得非常合理。"曼哈顿计划"最后真的研制出了原子弹，并给日本本土造成了毁灭性打击。

　　"二战"后，随着人类对战争的反思和对和平的渴望，核能开始转为民用。1954年，苏联建成了世界上第一座核电站。核电站成功地以其几乎无限的资源潜力让人们对清洁能源产生了无限憧憬。此后的几年内，英国和美国都相继建立了核电站。1954—1965年，世界上共有38台核电机组投入运行。大名鼎鼎的切尔诺贝利核电站（位于乌克兰基辅市）就是在1977年启动的。

　　但是"二战"中原子弹爆炸的示范效应并没有就此消失，原子弹在当时甚至现在都是降维打击的大杀器。1983年10月31日，卡尔·萨根联合了几位科学家提出了"核冬天"的概念，让核裂变技术又从佛入魔了。"核冬天"其实是一个气候变化模型，它认为如果大量使用核武器，巨大的能量会将大量的烟尘注入大气，这些颗粒物能在高空停留数天乃至一年以上，它们对太阳可见光辐射有较强的吸收力，而对地面向外的红外辐射的吸收力较弱，从而导致地表温度骤减，产生与温室效应相反的作用，使地表变成严冬，因而被称为"核冬天"。这个模型现在看来并不科学，错误和漏洞不少，但在当时却深入人心。因为它非常形象，把人们对核裂变那种改变底层粒子的技术恐惧与人类最本能的对饥饿和寒冷的恐惧联系在了一起。核能是"上帝能源"，意味着翻手为云、覆手为雨、予取予夺。

但"核冬天"模型却产生了意想不到的正面效果，它让人们以思想实验的方式沉浸式地体验了这种同归于尽的打法所带来的恐怖后果。

全球"核冬天"的威胁和阴影稍微过去后，核电站技术再次得到了发展。核裂变的佛性又得以张扬。但1986年发生的切尔诺贝利核事故对全球核电产生了灾难性影响，导致这个成佛之路相当坎坷。

但是全球能源和气候变化问题逐渐凸显，对核能的发展起到了重要的推动作用。这时大家逐渐理解了核裂变技术的应用不但不会导致气候恶化或者"核冬天"，反倒能拯救气候变化，越来越多的人认为核能是非常重要的低碳甚至是零碳能源。2001年高峰时期，核能占全球能源供给的6.8%，占发电量的17%。不敢想象，全球1/6的电量来自核电，核裂变技术的佛性达到了顶峰。

但是2001年之后，核能却开始走下坡路了。全球现在有450多个反应堆，但核不到全球能源供给的5%，核电占总发电量的10%。这又是为什么呢？

主要有两个主要原因：一是可再生能源的快速发展；二是公众对核能安全利用还心存戒备，核裂变的魔性在人们的心理底层还没有彻底消失。

　　发达国家的核能利用比例都比较高。法国的核电占总发电量的67%，英国占17%，美国占20%。日本核电占比变化无常，从2000年的30%下跌到2020年的不到5%，这与日本2011年福岛核事故有很大关系，从而使其从核电大国跌到核电弱国。不过日本的目标仍然是重振核电，计划到2030年核电占总发电量的20%以上。其实，核裂变技术在日本才是佛性—魔性的高强度反转。日本是世界上受核裂变技术危害最为严重的国家，也是世界上唯一一个受到原子弹打击的国家，但是日本也曾经是核裂变技术能源应用最高的国家。

　　回顾历史，核裂变技术真是"一半是天使，一半是魔鬼"。核能的健康、安全利用是全球能源发展的必由之路，是全球积极应对气候变化的重要零碳能源策略。核能是"上帝能源"，是上天赐予人类最伟大的技术，"天与不取，反受其咎。"

　　核裂变技术有两个方向非常值得期待：

　　第一，模块化小型堆、第四代核电技术。其特点是安全系数与转化效率都非常高，规模小、灵活、功能多，可以在小区域供热、供电或者提供动力，安全方便！以后人人手里一个能量球，一年的用电管够，实现零碳排放还难吗？

　　第二，核裂变制氢。氢能是未来的能源之星，但是现在的制氢技术成本高，而且制氢过程也会有碳排放，然而利用超高温气冷堆把水分解成氢气和氧气，这种技术却低碳环保。核裂变可以给氢能当能源大BOSS，源源不断地向其输送内力，其前途不可限量。

复盘切尔诺贝利核事故全过程

核电站给公众造成最大的心理阴影是核辐射。核能触及人类知识的最前沿，也是物质的最底层，未知的东西太多，而人们的恐惧往往都来自未知和不确定。居里夫人曾经说过一句话："生活中没有什么可怕的东西，仅有需要理解的东西。"（Nothing in life is to be feared. It is only to be understood.）

从现在的风险认知来看，全球核电站的安全性都很高，其事故率比火电站低很多。但由于公众对于核能的心理恐惧，出现了一个怪现象，就是一个核电站的事故会成为全球核电站的事故。也就是说，一个核电站出现事故，全球所有核电站都非常紧张，甚至都要查摆问题。

出现这个怪现象的一个重要原因是1986年苏联发生的切尔诺贝利核事故。这起事故是核裂变技术能源化应用过程中发生的最大事故，也是核能利用史上影响最为深远的一起事故。

1986年苏联切尔诺贝利核事故对全球核电造成了灾难性的打击。2019年有部很火的美剧就叫《切尔诺贝利》。该剧拍得不错，堪比恐怖片。

我们简单复盘一下切尔诺贝利核事故的过程，同时讨论一下核电站的基本原理。核电站主要分为4个部分：核燃料（铀-235）、控制棒、减速剂和冷却剂。

核燃料（铀-235）最大的特点是可以发生链式反应。如果把铀-235原子当作一个西瓜，那么其中一个西瓜发生裂变会释放出一个中子（同时释放能量），相当于发射出一个铁球（中子），这个铁球会击打其他西瓜，导致释放出更多的铁球（并释放能量），这样就会引发连锁反应（链式反应），瞬间释放出大量热量。

控制棒用于吸收铁球（中子），其作用当然是降低反应和释放热量的速度。

减速剂用来降低铁球的速度，其作用恰恰是加速反应，因为铁球速度太快不容易击中西瓜，慢了反倒容易击中西瓜，从而释放出更多的铁球。

冷却剂一般就是冷水，其作用是把释放的热量带走。冷水形成蒸汽，推动涡轮机做功从而发电，这个过程与一般煤电厂发电一样，所以核电厂也有冷却塔。简单来说，核电站和火电站都是烧开水、推蒸汽，然后用蒸汽做功发电。

切尔诺贝利核电站从1977年开始正式运行，1986年4月26日在断电保护中操作不当，导致控制棒本来应该减缓反应速度，反而加速了反应，就是我们常说的踩刹车变成踩油门，从而导致大量热量释放，发生蒸汽爆炸，把具有放射性的核燃料带出了核电站，并在周边四处飘散。

美剧《切尔诺贝利》的主线就是查找爆炸原因，物理学家始终不相信核燃料能爆炸，因为核电站燃料中铀的浓度不到4%，而核爆炸需要80%以上的浓度。最终发现其实是蒸汽爆炸，但对于从来没有见过核爆炸的公众来说，那也是非常壮观和震撼的。

爆炸的真正影响是把大量的放射性物质释放到大气中，这些辐射性尘埃覆盖了大片区域。这次灾难所释放出的辐射剂量是"二战"时期广岛原子弹爆炸的400倍以上。辐射尘埃污染的云层飘向较远的地区，包括苏联西部、西欧、东欧、斯堪的纳维亚半岛、不列颠群岛和北美东部。乌克兰、白俄罗斯及俄罗斯境内均受到严重的核污染，超过33万人被迫撤离。

切尔诺贝利核事故造成的心理阴影有多大呢？举一个具体例子，就是到现在（2023年3月），虽已过去37年了，但还有文章在研究这起事故的环境健康影响。

《科学进展》（Science Advances）有篇文章[1]就研究了切尔诺贝利核电站遗迹周边302只流浪狗的DNA。事故发生后，当地居民全部撤出，当地也成为切尔诺贝利禁区，很多宠物狗没来得及被带走，成为流浪狗，最后竟然顽强地生存了下来。他们在基因上与附近亲缘狗群有明显差异。切尔诺贝利禁区的放射性同位素铯–137比周边地区高10～400倍。研究认为，犬类DNA样本"非常有价值"，因为其往往与人类共享许多相同的饮食和生活模式，从这些流浪狗所受的影响可以进一步研究核辐射对人体健康的影响。

这起事故留下的阴影长达40年，而且其影响面积是全球，时间

1　Spatola G J, Buckley R M, Dillon M, et al. The dogs of Chernobyl: demographic insights into populations inhabiting the nuclear exclusion zone[J]. Science advances, 2023, 9（9）: eade2537.

乘以面积应该是一个巨大的阴影立方体。

另一起影响较大的核电站事故是2011年日本福岛核事故。日本福岛第一核电站1～3号机组堆芯由于地震及其引发的海啸出现堆芯熔毁。福岛核事故被定级为核事故最高级——7级，即特大事故，与切尔诺贝利核事故同级。为了快速降低反应堆温度，福岛核电站持续注入大量海水来冷却反应堆。截至2021年3月，核电站内已产生125万吨核污染水，且以每天140吨的速度在增加。

让这起核事故闻名全球的是10年后的日本核废料倾倒计划。2021年4月13日，日本政府决定将福岛第一核电站的上百万吨核废水排入大海，全球哗然。